요리스타 청❺

1판 1쇄 발행 | 2015. 5. 28.
1판 7쇄 발행 | 2023. 12. 5.

조재호 글 | 은하수 그림 | 요리조리스쿨 기획 | 정혜정 요리 감수

발행처 김영사 | **발행인** 고세규
편집 김선민
등록번호 제 406-2003-036호 | 등록일자 1979. 5. 17.
주소 경기도 파주시 문발로 197(우10881)
전화 마케팅부 031-955-3100 | 편집부 031-955-3113~20 | 팩스 031-955-3111

값은 표지에 있습니다.
ISBN 978-89-349-7108-5   17590
ISBN 978-89-349-6526-8   (세트)

좋은 독자가 좋은 책을 만듭니다. 김영사는 독자 여러분의 의견에 항상 귀 기울이고 있습니다.
전자우편 book@gimmyoung.com | 홈페이지 www.gimmyoungjr.com

어린이제품 안전특별법에 의한 표시사항

제품명 도서 제조년월일 2023년 12월 5일 제조사명 김영사 주소 10881 경기도 파주시 문발로 197
전화번호 031-955-3100 제조국명 대한민국 ⚠주의 책 모서리에 찍히거나 책장에 베이지 않게 조심하세요.

신나고 바른 식문화를 위해

안녕하세요, 독자 여러분? 〈요리스타 청〉의 스토리를 맡고 있는 만화가 조재호와 그림을 그리고 있는 만화가 은하수입니다.

저희는 함께 만화를 그리고 있는 동료인 동시에 두 아이를 키우고 있는 부부이기도 합니다. 저희 아이들도 〈요리스타 청〉을 보고 있는 여러분과 비슷한 또래들이에요. 아이들을 키우면서 가장 신경 쓰이는 것 중 하나가 바로 음식입니다. 음식은 아이들의 건강과 성장에 직결되는 문제인 데다가 최근 유전자 조작 식품이다, 방사능 해산물이다 해서 식재료에 대한 흉흉한 이야기들이 워낙 많다 보니 부모로서 자연스레 관심이 갈 수밖에 없지요. 되도록이면 믿을 수 있는 재료를 직접 골라 집에서 제대로 만든 음식만 먹이고 싶지만 그게 생각처럼 쉬운 일은 아닙니다. 각종 패스트푸드와 인스턴트식품들의 광고를 보고 있노라면 어른들도 그 달콤한 유혹을 이겨 내기 힘든데 아이들은 오죽하겠어요? 그래서 저희는 음식에 대해 본격적으로 알아보기로 결심했습니다. 인스턴트식품들이 나쁘다면 왜 나쁜지, 꼭 먹어야 한다면 슬기롭게 먹는 방법은 무엇인지에서부터 아이들의 건강은 물론, 입맛까지 챙겨 줄 수 있는 좋은 먹거리와 바른 조리법에 대해 고민하기 시작한 것이지요. 그리고 그러한 고민의 결과를

독자 여러분과 나누어야겠다는 결심에서 시작하게 된 만화가 바로 〈요리스타 청〉입니다.

저희 부부는 예전에 요리 학원을 잠깐 다닌 적이 있지만 그것만으로는 요리 만화를 그리는 데 부족함이 많았습니다. 이를 극복하기 위해 시중에 나온 요리 관련 서적들을 열심히 보고 평소에 안 먹던 음식들도 열심히 먹어 보았습니다. 여러 전문가들의 도움도 받았지요. 동아사이언스의 과학 전문 기자들과 함께 요리와 관련된 과학 지식들을 익히기도 했고, 요리 학교의 선생님들로부터 조언도 구했습니다. 또한 현장에서 요리를 익히는 학생들의 모습을 놓치지 않기 위해 요리 학교 학생들을 인터뷰하고, 학생들이 실습하는 모습도 스케치했습니다.

〈요리스타 청〉은 독자 여러분에게 단순히 '음식은 무조건 골고루 먹어야 하고, 불량식품은 절대 먹어선 안 돼!'라고 강요하는 만화가 아닙니다. 우리 주인공 청이의 좌충우돌 흥미진진한 학교생활을 즐기면서 만화에 나오는 멋진 요리들을 감상하다 보면 자신도 모르는 사이에 음식이 왜 소중한지, 우리는 어떤 음식을 어떻게 먹고 살아야 하는지 자연스럽게 깨닫게 될 거예요.

만화가 조재호 · 은하수

몸과 마음을 예쁘게 성장시켜 주는 책

안녕하세요? 〈요리스타 청〉의 요리 교실을 맡고 있는 정혜정입니다.

저는 전주에 있는 국제한식조리학교에서 학생들에게 요리를 가르치고 있는 선생님입니다. 〈요리스타 청〉의 독자 여러분에게도 맛있는 요리 비법을 하나씩 소개해 주려고 해요. 주방장이 될 것도 아닌데 요리를 배워서 뭐하느냐고요? 여러분은 가족이나 친구들과 맛있는 음식을 먹으면 어떤 기분이 드세요? 신나고 행복하지 않나요? 그래요. 맛있는 음식은 사람들을 행복하게 만든답니다. 여러분도 정성이 깃든 맛있는 요리를 통해 주위 사람들을 기쁘게 해주는 건 어떨까요? 요리는 여러분을 인기 있는 멋쟁이로 만들어 줄 수 있어요.

요리에는 또 다른 놀라운 힘이 있어요. 요리를 하다 보면 성장기에 있는 여러분의 두뇌가 쑥쑥 성장한다는 사실, 알고 있나요? 요리를 만들기 위해 밀가루를 반죽하고, 예쁘게 재료를 다듬고, 냄새를 맡는 등의 행위 자체가 여러분의 감성과 집중력, 지성 등을 길러 주는 훈련이 된답니다. 뿐만 아니라 물을 끓이고, 재료를 익히는 등의 과정을 통해 요리에 숨어 있는 물리, 화학, 생물, 의학 등 각종 과학 지식을 자연스럽게 몸에 익힐 수도 있어요. 여러분이 요리를 통해서 과학을 좀 더 쉽고 친근하게 만날 수 있도록 선생님도 노력하겠습니다.

　친구들은 오늘 어떤 음식을 먹었나요? 김치와 된장찌개? 혹은 샌드위치나 피자? 혹시 먹기 싫다고 투정부리지는 않았나요? 어떤 것이든 우리가 먹는 모든 음식에는 인류의 역사가 담겨 있다고 해도 과언이 아니에요. 인류의 조상들이 농사를 짓고 사냥을 하는 등 어렵게 얻은 식재료들을 어떻게 하면 좀 더 맛있고 영양가 있게 먹을 수 있을까 연구하고 고민한 끝에 만들어진 결과물이 오늘날 우리가 먹는 여러 음식들인 거예요. 오늘 저녁에는 밥상에 있는 음식들을 보면서 그 안에 깃들어 있는 우리의 문화와 조상들의 지혜를 느끼려고 한번 노력해 보세요. 평소 아무렇지도 않게 생각하던 음식들이 한결 맛있게 느껴질 거예요.

　여러분이 건강하고 바르게 성장하는 데 가장 중요한 게 무엇일까요? 바로 음식이에요. 그런 의미에서 저는 여러분께 〈요리스타 청〉을 추천합니다. 이 만화는 단순히 요리와 관련된 지식만을 알려주거나, 불량 식품은 몸에 해로우니 먹지 말라고 훈계하는 그런 만화가 아니에요. 우리가 올바르게 성장하기 위해서는 어떤 음식을 먹어야 하며, 그러한 음식들이 얼마나 소중한 것인지 일깨워 주는 만화랍니다. 만화에 나오는 주인공들처럼 몸도 마음도 예쁘고 멋있게 성장하고 싶다면 〈요리스타 청〉을 읽어 보세요.

정혜정 (국제한식조리학교 교장)

★ 등장인물 소개 ★

청이

뜻하지 않은 사고로 현대로 넘어온 조선 시대의 생각시. 원래 수라간 궁녀였던 어머니로부터 뛰어난 요리 감각을 물려받았다. 국제조리영재학교의 대표가 되어 요리스타 코리아 대회 결승전에 오른다.

특징 : 냄새만 맡아도 재료를 알아맞힐 수 있는 절대 후각

한울

국제조리영재학교 5학년에 재학 중인 꽃미남 학생. 뛰어난 요리 실력과 꽃미모로 여학생들의 관심을 한 몸에 받고 있다. 하지만 진짜 정체는 조선 시대 성군 세종대왕! 어릴 때 얻은 피부병을 치료하기 위해 현대에 와 있다.

특징 : 엄청난 편식 습관

피에르 권

레스토랑 울라불라의 주방장. 한울의 할머니인 이말년 여사의 옛 제자로 월드 마스터 셰프에서 우승을 차지했다. 모든 사람을 홀리는 악마의 소스를 얻기 위해 청이를 이용하려고 한다.

특징 : 악마의 소스를 향한 강한 집착

가연

한울이와 함께 국제조리영재학교 'A클래스' 멤버인 여학생. 뛰어난 요리 실력으로 선생님들에게도 두터운 믿음을 얻고 있다. 자신이 좋아하는 한울이가 청이와 가까워지는 것을 질투해서 음흉한 계략을 세우고 만다.

특징 : 결정적인 순간 드러나는 어설픈 요리 실력

韓食

차 례

제1화 **진격의 무쇠솥** 12

제2화 **우리 것이 좋은 것이여!** 24

제3화 **상남자의 거침없는 고백** 46

제4화 **청이 납치 대작전** 70

제5화 **수상한 보물** 96

제6화 **귀신이 남긴 말** 122

제7화 **솟아라, 신토불이의 힘!** 146

사람의 감각은
영원하지 않단다.

또 각
또 각

감각을 잃는다고 해도
작은 것에 감사하고 노력하면
잃어버린 감각보다
더 큰 능력이 생긴단다.

아…!

슝

빵 도련님,
생각났습니다.

뭐?

재료실
다녀올게요.

안녕, 난 당근이야.
붉은색이
선명하고 껍질이
얇은 것이 좋지.

깨끗이 씻어서
포장된 것보다는
흙이 묻어
있는 게 좋고.

끄덕
끄덕

나는 오이.
껍질에 윤기가 흐르고
오돌토돌한 부분에
가시가 많을수록
싱싱해.

몸 가운데가
잘록하면 좋지
않은 거란다.

무는 희고
몸매가 고르고
단단해야 해.

양배추는 푸른
겉잎이 그대로
붙어 있어야
싱싱한 거야.

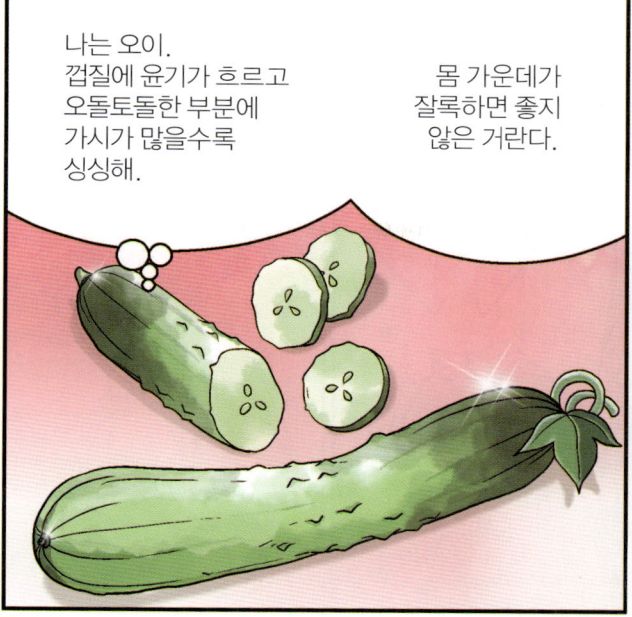

그래, 너희들 말이 맞아.
가장 훌륭한 요리는
재료가 가진 본래의
생명력과 색깔, 모양을
망가뜨리지 않고
먹는 것이라고 했어.

뭘 그렇게
중얼거려?

헤헤!
한울 도련님.

큰일이네.
청이가 많이
아픈가 봐.

비밀인데요.
제가 뭘 만들려고
하느냐면….

채소들과
얘기를
나눴습니다.

그런데
아까부터
뭘 그렇게
찾아?

저기….

자…, 잠깐!

학생!
가마솥은
왜 필요하지?

왜긴요?
맛있는 밥을
만들려고
하옵니다.

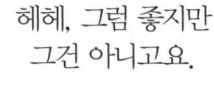

그…, 그럼
작은 솥이나
압력 밥솥이면 되지.
여기 온 사람들을
다 먹일 생각이니?

헤헤, 그럼 좋지만
그건 아니고요.

가마솥이 무거울수록
밥맛이 좋아서 그렇습니다.

스승님,
정말입니까?

?

끄덕

끄덕

맞다.

형님!

요리조리 과학 이야기

무쇠솥으로 지은 밥이 왜 맛있을까?

국립중앙과학관에서 무쇠솥으로 지은 밥이 맛있는 이유를 연구한 결과 '무쇠 솥뚜껑의 무게'가 중요한 역할을 하는 것으로 나타났다. 솥뚜껑이 솥 무게의 3분의 1 정도를 차지할 정도로 무거워서 밥을 짓는 동안 공기와 수증기가 빠져나가는 걸 막아 주는 것이다. 게다가 다른 금속보다 온도 변화가 서서히 일어나 뜸을 들이는 동안에도 높은 온도를 오랫동안 유지하며 천천히 식기 때문에 밥이 특히 더 맛있다는 것.

또한 솥 바닥의 '두께'도 밥맛에 영향을 미치는 것으로 밝혀졌다. 솥 바닥은 불에 먼저 닿는 부분이 가장 두껍고 불에서 멀리 떨어질수록 두께가 얇아진다. 이런 두께 차이로 인해 열이 솥 안에 담긴 쌀에 고르게 전달되어 수분이 많으면서도 단단하고 찰진 밥알이 만들어진다.

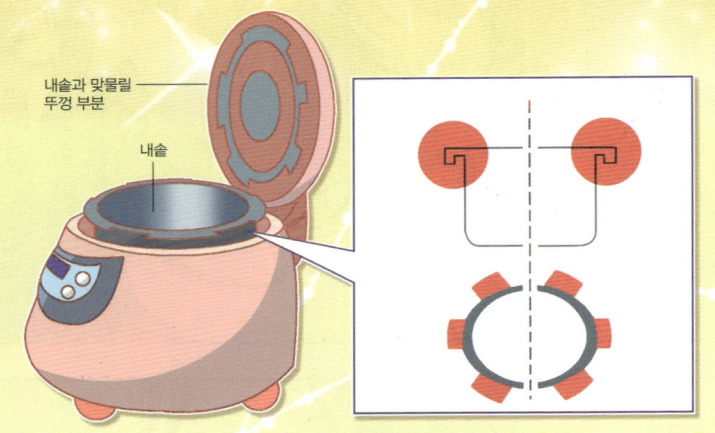

내솥과 맞물릴 뚜껑 부분

내솥

쌀이 잘 익으려면 대기압(1기압) 이상의 압력이 필요하다. 그래서 무거운 뚜껑이 유리한데 전기 압력 밥솥은 무쇠솥처럼 무겁게 만들 수 없다. 그래서 내솥과 뚜껑에 톱니바퀴 모양의 돌출부를 만들었다. 뚜껑을 닫고 손잡이를 돌리면 톱니바퀴들이 서로 맞물려 공기와 수증기가 빠져나가는 걸 막아 무쇠솥처럼 맛있는 밥을 만들도록 한 것이다.

누가 저렇게 큰 가마솥을 갖다 놨어?

몰라요.

짠~! 가져 왔사옵니다.

꼬르륵

으아~! 팔 아파.

솥이 크니까 쌀도 많이 들어가네.

다 씻었어요.

힘으로 하는 건 잘해.

흠…

밥 냄새가 나거든 알려 주시어요.

그래.

그리고 오이 무침은 이러쿵저러쿵 만드시면 됩니다.

……

참나…, 여기는 요리 대회라고, 청이야.

맛있는 밥 짓기 대회가 아니야.

다이어트에 도움이 되는 요리를 만들어야 해. 호밀빵을 했어야 하는데…

내가 만들고 있지롱~! 메롱~, 메롱~, 메롱~!

히히! 밥 먹으면 얼마나 살찌는데~. 조선 시대에서 와서 그걸 모르나?

아니거든.

네?

삑-!

휴우~, 간신히 끝냈다.

윤주야, 그동안 수고했어.

저는 한울 선배님과 같이했던 시간을 영원히 못 잊을 거예요.

모두 테이블에서 물러나!

와

와 아

선배님이 더 힘드셨죠.

무슨 요리지?

소고기 양배추 말이와 미소 된장국입니다.

척

음, 둘 다 훌륭한 다이어트 음식이구나.

오물

오물

그런데 바쁜 아침에도 이 식단대로 챙겨 먹을 수 있을까?

예?

다이어트 중인데 아침부터 닭다리라…

흥

저녁에만 드시면 되죠!

가연아, 왜 그랬어?

저 선생님 맘에 안 들어. 트집만 잡잖아!

뭐?

1등 안 해도 돼. 청이도 떨어질 테니까.

너 지금 나랑 장난쳐? 다이어트 음식을 만들라고 했을 텐데!

이 밥 다 먹고 배 터져서 죽으라고?

슬금 슬금

제…, 제가 한 게 아닌데요.

저희가 준비한 음식은 여기 있사옵니다.

아…, 아니!

뭡니까? 앗!

어린이가 어떻게 이런 생각을…!

모락 모락

제2화

우리 것이 좋은 것이여!

아아

울컥

한동안 잊고 있었구나. 그리운 이 냄새.

엄마!

휙

선생님 왜 그러십니까? 앗, 이건?

할머니가 항상 만들어 주시던…

벌름

벌름

구수한
가마솥 누룽지!

으아앙

자네는
왜 울어?

흑흑흑

갑자기 돌아가신
할머니가
생각나서요.

난 엄마…

크흑! 세상에
가마솥 누룽지보다
구수한 게 있을까?
엄마가 해 주시던
추억의 맛!

지금은
스타 셰프가
되었지만 엄마의
누룽지 맛은
따라갈 수 없어.

당연하죠.

저…, 심사 안 하세요?

아차!
내 정신 좀 봐.
심사해야지,
심사!

누룽지로 어떤 요리를 만들 수 있지?

온기가 남아 있는 누룽지에 설탕을 솔솔 뿌려 먹으면 맛있습니다.

그리고….

딱딱해진 누룽지는 물과 함께 다시 끓이면….

끓이면?

누룽지의 구수한 맛이 살아 있는 맛있는 숭늉이 되옵니다.

풋

지금 숭늉이라고 했니? 호호호!

여기는 수준 높은 요리만 나올 수 있는 요리스타 코리아 대회라고!

드디어 청이가 떨어지겠군.

숭늉이 어때서? 얼마나 좋은 음식인데….

뭐?

허기가 질 때 배를 채울 수 있고

소화가 잘돼서 어린이 배앓이에도 아주 좋아.

울컥

선생님! 이번 요리 경연은 배는 부르지만 다이어트에 도움이 되는 음식을 만드는 거잖아요?

숭늉은 쌀로 만든 것인데, 쌀은 탄수화물이고 탄수화물은 다이어트의…

적이에요!

가…; 가연 언니.

친구끼리 이러기야?

맞아. 맞아!

탄수화물!

웅성
웅성

흥, 뭐가?
심사위원들이 잠시
이번 요리 경연의 주제를
깜빡하신 것 같아서
가르쳐 드린 것뿐이야.

터벅
터벅

가르쳐 줘서
참 고맙구나.

헤헤~!
뭘요.

그런데 너는
하나는 알고 둘은
모르는구나.

?

쌀에는 복합 탄수화물이 있어서 오히려 비만을 해결해 주지! 지방 분해 효소인 리파아제를 많이 분비시키거든!

핫

오히려 밥 대신 단백질 섭취를 늘리는 저칼로리 다이어트가 몸을 살찌기 쉬운 체질로 바꾸지.

바로 네가 만든 이런 음식!

......!

그리고 네 요리를 아침에도 쉽게 만들 수 있는지 물어봤지?

왜냐하면 아침밥을 잘 챙겨 먹어야 다이어트에 더 효과적이기 때문이야.

이럴 수가!

내가 알고 있었던 것 하고는 완전히 반대잖아!

밥은 최고의 다이어트 음식!

밥을 많이 먹으면 살이 찐다는 말이 있다. 그러나 소문과 달리 밥은 최고의 다이어트 식품이다. 밥의 원료인 쌀에 들어 있는 복합 탄수화물이 바로 주인공. 복합 탄수화물은 섬유질이 30~90% 정도 들어 있는 영양소로 지방 분해 효소인 리파아제를 더 많이 분비시키기 때문에 지방을 분해하는 데 효과적이다. 또 복합 탄수화물은 뇌의 에너지원인 포도당이 되어 집중력과 사고력을 증가시키는 데도 도움이 된다. 따라서 밥은 공부를 하는 어린이들에게 매우 좋은 음식이다.

벼
벼 껍질
현미
배아
쌀 겨층
현미의 구조

신체를 만듭니다.
단백질 6.1g
지방 0.9g
열량(일이나 힘)의 원천이 됩니다.
탄수화물 77.1g
(섬이섬유를 함유해요.)
신체의 상태를 조절합니다.
수분 15.5g
기타(비타민 등) 0.4g

특히 아침에 밥을 먹으면 다이어트에 더욱 효과적이다. 밥은 소화시키는 데 시간이 걸리기 때문에 쉽게 살이 찌지 않는 체질로 만들어 준다. 변비는 식사량이나 불규칙한 식습관이 큰 원인이 되는데, 아침밥은 장의 운동을 도와 변비에 걸리지 않게 한다.

전문가들 중에는 우리가 살찌기 시작한 때가 쌀을 먹지 않게 된 뒤부터라고 말하는 사람이 많아.

정말! 생각해 보니 우리 궁에는 살찐 사람이 한 분도 없구나.

자, 그럼 이번 요리스타 코리아의 영광의 우승자를 발표하겠습니다!

두근 두근 두근

쏙

비나이다~,
비나이다~!
천지신명님께
비나이다!
1등하게
해 주세요.

싹
싹
싹

제가 1등을 해야만 어머니의
잃어버린 미각을 되살릴 수 있는
기회를 얻을 수 있어요.

올해의
우승자는…!

간
절

간절

꿀~꺽

선조의 과학 정신과
아침밥의 소중함을
일깨워 준
요리영재학교의

와

와

청이와
앨버트
학생
입니다!

와아아

이게 꿈이옵니까,
생시옵니까?

와아

헤에~!

앗!

생시야!

이 도련님이
또 응큼하게
어딜
만지셔요!

슈웅

하늘 천 따~지!
가마솥에
누룽지!

숭

딩가

딩가

딩가

뭐지?

딩가

박박 긁어서
오도독~ 오도독~
씹으면 정말
고소해~♬

청이야!

잘했어!
최고!

다 도련님
덕분이옵니다.

꾸벅

아니야.
네가 잘한 거지.

이런 게
어딨어요?

앗!

빠득 빠득

어허~, 이 학생
정말 왜 이럴까!

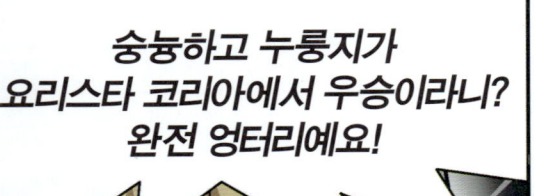

숭늉하고 누룽지가
요리스타 코리아에서 우승이라니?
완전 엉터리예요!

창의력이라고는
코딱지만큼도
없는데!

왜 이래?

새로운 것을 만들어 내는
창의력도 중요하지만

우리 것을 잊지 않고
되살려 내는 것도 못지않게
중요한 거야.

흭

이제 너도….

필요 없어!

어라~, 가연이
우는 거야?

빨리
가연이한테
가 봐!

아…, 알았어!

탁 탁

윤호가
왜 화를….

설마…!

무슨 일이야?

아무것도
아냐!

가연아, 거기서 뭐 하니?

백화점에서 한참 기다렸잖아.

한울이 동생이 좀 나대는 것 같더니, 이제 피곤해지겠군.

우리 청이가 뭘 잘못했는데?

그래, 가연이 옆에는 언제나 윤호가 있었어.

뭘 그렇게 봐. 내 얼굴에 뭐 묻었어?

솔직히 말해.

우린 같은 A클래스잖아. 비밀이 있으면 안 되~지!

너, 가연이
엄청 좋아하지?
툭
맞구나?
정말이네.
어떻게 알았어?
갑자기 막
화를 내잖아!
헤헤헤~!
언제나 곁에서
아무 말 없이 그녀를
지키는 호위 무사.
오오~, 윤호!
다시 봤는데?
척
척
언제부터야?
설마 1학년
때부터야?
아휴~, 그걸
어떻게 숨겼대~?
고백해 봐.
우리가 도와줄게.
팟
야!
너희들,
멋대로
상상하지
마!

아니거든!

그냥 너희가 가연이를 따돌리는 것 같아서 불쌍해서 그랬던 거야.

우리가? 아닌데! 전교 1등 가연이가 불쌍하다고?

히히, 녀석 거짓말이야. 얼굴이 빨개졌잖아.

이이…!

너희들 이렇게 갑자기 물어보는 거 실례 아니야?

왜?

우린 같은 반 친구들이잖아.

그럼 너희들은 좋아하는 애가 있으면 말할 수 있어?

그럼! 난 청이가 좋아.

완전 귀엽고 힘도 세고. 꼭 내 여자 친구로 만들고 말 테야~!

흐믈

흐믈

나…, 나는….

알잖아, 채민이!

거짓말을
해 버렸다.
사실은 청이를
좋아하는데…

흐음….
그래?

내 마음을
그렇게
알고 싶어?

좋아!
그럼 게임하자!

게임?
어떤 거?

만약
너희들이 이기면
가르쳐 주지.

대신 내가 이기면
땅콩 한 대씩!

탁

탁

게임은 간단해.

짠

내가 점심 때 사온 초밥이야.
두 개는 고추냉이가 일반 초밥보다 3배나 많이 들어 있고 하나는 안 들어 있어.

고추냉이가 안 든 걸 고르는 사람이 이기는 거야.

우리가 속을 줄 알아? 넌 어떤 건지 알잖아!

그래? 그럼 너희들이 먼저 골라.

벌벌

나 고추냉이 정말 싫어하는데~.

이 편식쟁이!

이 사건의 발단은 너 때문이야! 먹어!

요거,

요거,

아, 아니다. 맨 처음에 골랐던 거.

요리조리 과학 이야기

매운 맛, 어디까지 맛 봤니?

매운 맛은 혀가 느끼는 '맛'이 아니라 '통증'이다. 43℃가 넘는 음식이 혀에 닿을 때 느끼는 고통과 비슷하다고 한다. 그럼에도 불구하고 우리가 계속해서 매운 음식을 즐겨 먹는 이유는 매운 음식을 먹으며 받은 고통을 달래기 위해 뇌에서 엔돌핀이 분비되기 때문이다. 엔돌핀은 스트레스를 해소하고 기분을 좋게 해 준다. 또 매운 음식을 먹으면 혈액 순환이 잘 되어 땀이 나고 이로 인해 체온이 떨어지는 효과가 있다.

매운 맛을 내는 음식에는 고추만 있는 게 아니다. 눈물을 쏙 빼는 다양한 재료들은 각각의 요소를 갖고 있다. 종류별로 매운 맛의 강도도 다 다르다.

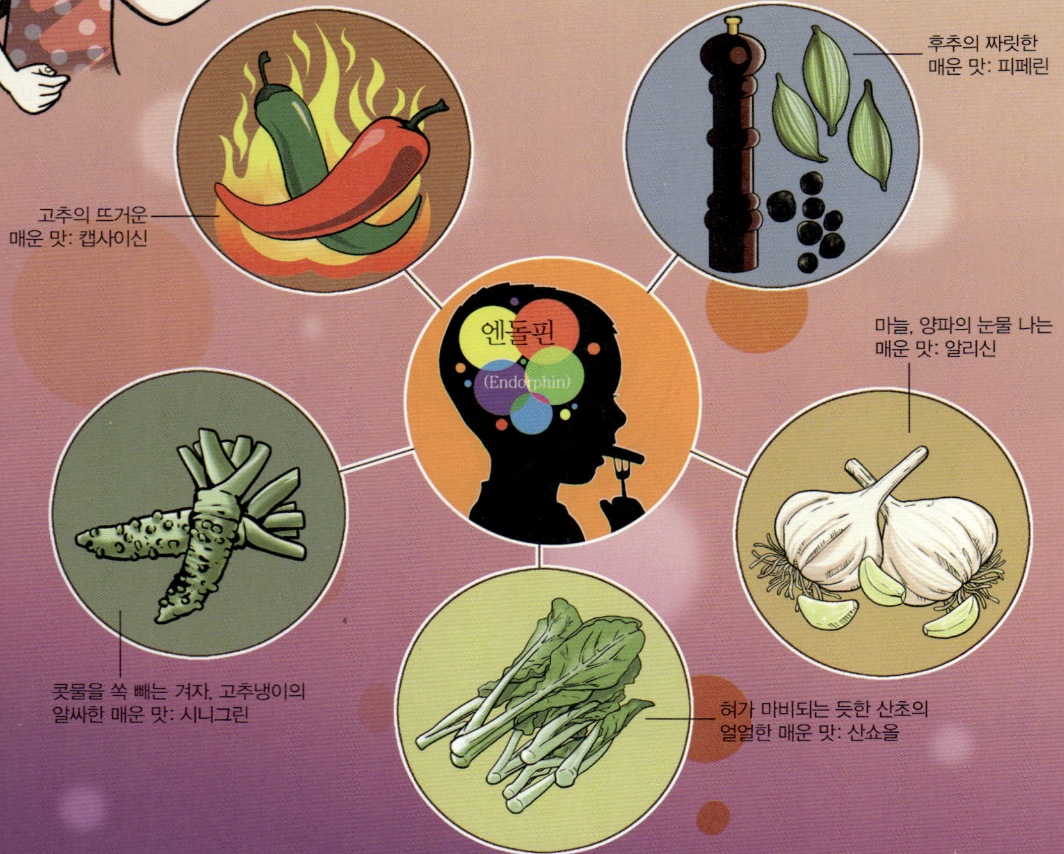

고추의 뜨거운 매운 맛: 캡사이신

후추의 짜릿한 매운 맛: 피페린

엔돌핀 (Endorphin)

마늘, 양파의 눈물 나는 매운 맛: 알리신

콧물을 쏙 빼는 겨자, 고추냉이의 알싸한 매운 맛: 시니그린

허가 마비되는 듯한 산초의 얼얼한 매운 맛: 산쇼올

안 맵니?

하나도 안 매워!

쏙

게임에서는 질 수 없다!

남자의 자존심!

오물 오물

쿠엑 킥

…은 무슨! 죽겠다! 아아아 아아아 아아아!

제3화

상남자의
거침없는 고백

지금 뭐라고 말한 거야?

앗!

가연이가 언제부터 와 있었지?

어벅

어벅

흭

네가 날 좋아한다고?

꿈도 꾸지 마! 넌 내 스타일 아니거든!

분위기 어색하게 만들지 말고 그냥 지금처럼 친구로 지냈으면 좋겠….

시원~, 하다!

?

?

?

할머니!
변기 또
망가졌
잖아요!

이런 아침
댓바람부터!

할머니!
청이까지
데려오시면
어떻게
해요!
문 닫아요!

시끄러!
우라늄
크레파스
놈아!

벌컥

나가!

무슨 똥을
한바가지를
쌌어!

잉잉~,
억울해.
변기가 막힌 게
아니라니까요.

보거라!

녹

우웍

우웍

이놈!
감히
마마님의
매화를
보고서!

매화요?

그렇다. '매화'는
임금님의 용변을 말한다.
조선 시대에 임금이나
왕족들이 들고 다니며
사용하던 휴대용 변기인
'매화틀'에서
유래했지.

휴대용 변기 안에
'매회'란 나뭇재를 미리 뿌려서
'매회틀'이라고 하다가
비슷한 말인
매화로 변하게
된 거란다.

궁에서 마마의 배변을 관리하는 '지밀나인'이 매화틀에 매화를 뿌려 드리고,

용변을 보신 후에는 더 높은 계급의 상궁이 명주 수건으로 직접 닦아 드린단다.

또 마마의 매화는 구리 그릇에 담겨 조심스레 내의원으로 보내졌다.

똥을요?

매화라고!

그 이유는 매화가 마마님의 몸의 상태를 알려 주는 중요한 지표이기 때문이란다.

섭취한 음식이 변으로 나오는 데는 하루가 걸린단다. 그리고 건강한 변은 변기에 천천히 가라앉지.

변에서 악취가 나는 것은 소화되지 않은 음식, 세균, 점액 그리고 죽은 세포가 섞여 있기 때문이다.

이놈, 아직도 냄새 때문에 그러느냐?

수라간 최고상궁이 되는 게 꿈이라는 녀석이.

어질 어질

씩 씩

할머니 나빠! 창피하게 청이까지 데려오고!

완전 실망! 도련님 응가 냄새 완전 구리옵니다!

아, 아니요. 계속하시어요.

똥 모양과 건강 : 건강한 똥을 위한 식습관

'변을 보면 건강이 보인다'라는 말이 있을 정도로 똥과 우리 몸의 건강은 밀접한 관계이다.
조선시대에도 어의들이 임금님의 변 모양과 냄새 등을 보고 건강 상태를 파악했다고 한다.
내 몸이 건강한지를 확인하고 싶다면 자신의 똥 상태를 점검해 보자.

똥 색깔로 보는 건강 체크

건강	설사	대장암	담즙	식중독	위출혈

영양 부족 / 혈변 / 건강 / 변비

똥 모양으로 보는 건강 체크

바나나 똥
장활동이 건강한 상태. 잔변감이 전혀 없고 부드럽다.

토끼 똥
수분이 부족해 딱딱하고 작은 모양. 가장 좋지 않은 변 상태.

굵은 똥
수분이 부족하여 굵고 단단해 항문에 출혈이 생길 수 있음.

끊기는 똥
짧고 잔변감이 많다. 변비 생기기 직전 상태.

가늘고 긴 똥
무리한 다이어트 등으로 영양 상태가 좋지 않은 상태.

설사
배가 차갑거나 폭식을 했을 때의 변 상태.

황금 똥의 조건
- **색깔** 황금색~갈색.
- **모양** 직경이 1.5~2cm로 일정하며 바나나 형태.
- **냄새** 특유의 냄새가 약간 나지만 얼굴을 찌푸리지 않을 정도.
- **굳기** 칼국수용 밀가루 반죽 정도. 똥을 눈 다음 거의 묻어나오지 않는 정도.

황금 똥 만드는 생활 관리법
- 스트레스를 받지 않는다.
- 고사리, 시래기, 고구마 줄기, 깻잎, 무말랭이 등 나물을 많이 먹는다.
- 초콜릿 등 단 음식을 자주 먹지 않는다.
- 육류는 살코기 위주로 먹는다.
- 유산균제를 먹는다.

어때?
식생활과 배변이
중요하지?

예~!

호호호, 그럼 오늘 매화는
네가 치우거라.

쌩

망했다!

무슨 일 있니?

사람의 몰골이
아닌데~!

폭 삭

냄새 때문에
죽는 줄 알았어..

청이야,
청소 그만하고
이쪽으로 좀 와 봐.

오늘 더 이상 댁 곁에
가기 싫습니다.

빨리 방 청소하고
숙제해야 해요.

어험~!

아주 중요한 일이야.

만약에,
이건 진짜로
만약인데 말야.

예.

할머니 말씀처럼
내가 세종대왕님이면
왕이잖아?

근데 내가 알기로는
궁에 있는 궁녀들은
왕이 아니면 누구하고도
결혼을 못 하거든,
맞니?

내 낭군님은
오직 마마님뿐!

마…,
맞사옵니다.

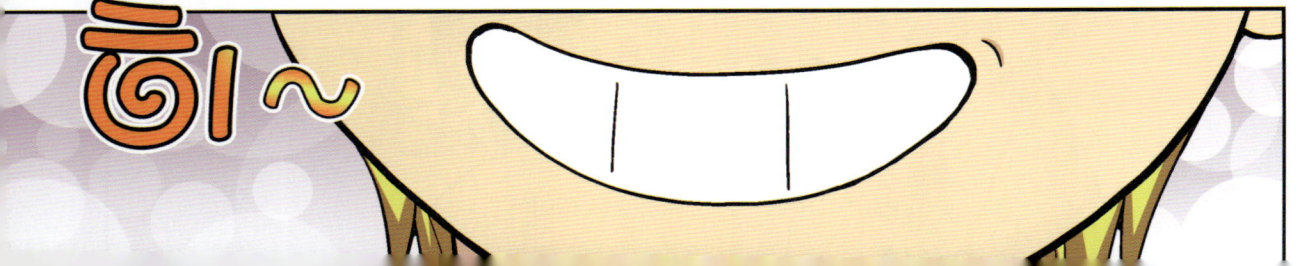

히~

맞구나~♬

일요일에 어쩐 일이야?

그 사이에 또 청이가 보고 싶어서?

험!

그건 아니고, 지나가는 길에…

이게 보여서 사 왔지.

어린이 보약

그게 길에 막 보인다고?

연꽃보다 예쁜 내 선녀는 어디 있지?

저기~, 방에 있다!

그럼 너…, 내가 결혼하자고 하면 할 거야?

부끄

부끄

투 둑

마마!
성은이…!

망극하…,
우읍!

팍

?

안 돼!

지금 상황은
다르지.

세자마마가
생각시를 사귀는
건 금지라고
했잖아!

내 딸이 어때서?

아뢰옵기 황송하오나
싫사옵니다!

차라리 소녀를
죽여 주시옵소서!

뭐?

저는 혼인을 할 수 없사옵니다.

?

그만 좀 하라니까, 이 사람이.

아니 된다! 청아, 읍…, 읍!

애들이 장난으로 하는 말을 왜 이렇게 진지하게 받아들이는 거야?

세자 마마는 이미!

혼기가 꽉 찬 나이일세!

보통 왕세자는 열 살이면 결혼을 해야 해.

일찍부터 세자빈을 정해 놓고 성인으로서 책임도 배우고, 세자빈은 수년간 나라의 안주인에 걸맞는 교육을 받게 되지.

그땐 그때고!

지금 꼬맹이끼리 결혼시켜서 뭐하게?

이게 다 궁의 예법이라니까!

그런데 만약 세자빈이 마마의 청혼을 거절하면?

청혼을 거절한다면?

혼인을 하지 않은 죄로 평생 절에 들어가 살아야 한다네.

정이

마하반야바라밀다~♬

이런 우라~늄!

딱

딱딱

척

조금 더 들어 보세. 이리 와.

이제 내가 왜 이러는지 알겠지?

왜? 내가 싫어?

이럴 수가….

저는 어머니의 잃어버린 미각을 되찾기 위해 수라간의 최고 상궁들만 볼 수 있다는 비서가 필요합니다.

비서?

옛날에도 비서가
필요했나?

하긴 손님이 많이 오면
메모도 해야 하고
차도 타 줘야 하니까.

비서(秘書)는
비밀스러운 책을
말하옵니다!

아하~!
그런 게
있구나.

빠직

그 책에는
죽은 사람의
입맛까지 살리는
비밀의 조리법이
쓰여 있다고
합니다.

대단한데~.
그럼 그건
내가 줄게.
왕이 달라고
하면 상궁이
주지 않을까?

책만 있으면 뭣합니까!
그 요리를 만들 수 있는
능력이 있어야지요.

전 공부를 더 해야
하옵니다.

?

그런 거야?
헤헤~, 난 또 뭐라고.

그럼 내가 싫은 건
아니네.

좋아!
그럼 이 질문의 답은
네가 공부를 마칠 때까지
미뤄 줄게.

성은이 망극하옵…?

이 양반이
무슨 생각을
하시는 거지?

드디어 믿게
된 걸까?

본인이
세자라는
사실을?

오른쪽으로
빠져나가는 안타!
이제 주자는 1, 3루!

와아와

와

드르렁
드렁~!

쾅

뭐하세요?

앗! 깜짝이야!
왜 그래?

이거
안 보이세요?

뭘?

이번 달
종업원 월급도
밀리고 공과금도
못 냈어요!

그래?

왜 악마의 소스를 더 이상 쓰지 않는 겁니까?

그…, 그건 안 돼. 더 이상 안 쓴다고 스승님하고 약속했거든.

그리고…, 만들고 싶어도 난 만드는 방법을 몰라!

잔소리잔소리 잔소리 잔소리…

잔소리…

안 들려!

안 들려!

콕

콕

삐리리~.

삐리리~.

발신 번호 표시 제한? 스팸 전화라니!

안 산다고! 안 사…! 어?

악마의 소스가
더 필요하지 않나?

앗, 당신은?

지옥 셰프!

크하하하~!
용케도
내 목소리를
잊지 않고 있었군!
그동안
잘 지냈나?

셰프, 무슨 전화예요?

나가! 귀찮게 하지 말고!

고래 고래

히익~, 옛날처럼 다시 무서워졌네!

하하 학

나한테 또 무슨 볼일이죠? 더 이상 나쁜 짓은 안 할 겁니다.

스승님하고 약속했어요.

가르쳐 주지.

뭘?

진짜? 진짜? 진짜? 진짜? 악마의 소스를 만드는 법을 가르쳐 주겠다고요?

원하는 게 뭐죠? 다시 스승님의 장독이라도 훔쳐 올까요?

또 막혔어!

청아~!

탕

마마님 장이 좋지 않아 걱정이구나.

아침에도 토끼 매화를 가득 누셨던데.

오물 오물

병원부터 가 봐야겠지만

이제 식사 후에는 이걸 드리도록 하거라.

유산균이 가득 들어 있는 발효유란다.

요…, 요구르트라…, 이게 무엇이옵니까?

균이요?

균이라면 동식물에 기생하여 발효나 병 따위를 일으키는 것들인데!

어찌 이런 걸 드시라고 합니까?

이것은 좋은 균이다!

젖산균이라고도 하지.

유산균은 유해균의 성장을 억제하고 단백질을 분해해도 부패물을 만들지 않는 유익한 세균을 말한단다.

보통 사람의 소장, 대장에서 살고 있어.

할머니는 도련님의 장 건강에 특히 신경을 쓰시네요?

당연하지! 장이 곧 건강이니까!

요리조리 과학 이야기

성인의 몸을 구성하고 있는 세포는 60조 개,
장 속에 살고 있는 세균은 100조 개!

장의 역할과 질병 상관 관계

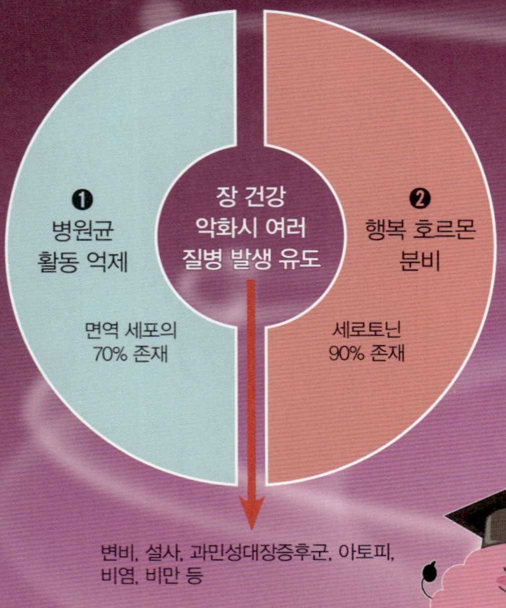

장 건강 악화시 여러 질병 발생 유도

❶ 병원균 활동 억제
면역 세포의 70% 존재

❷ 행복 호르몬 분비
세로토닌 90% 존재

변비, 설사, 과민성대장증후군, 아토피, 비염, 비만 등

장의 또 다른 작용, 면역

장은 최대의 면역 기관이라고 할 수 있다. 왜냐하면 온 몸에 있는 면역 세포의 70%가 장에 있기 때문이다. 그 중에서도 약 7m나 되는 소장은 음식물에서 영양을 섭취하고 병원균의 침입을 막는 두 가지 중요한 임무를 맡고 있다. 소장의 점막에 있는 '파이엘판'이라고 부르는 조직에는 면역 세포가 많이 모여 있는데 병원균처럼 해로운 균을 발견하면 면역 항체를 만들어 유해균의 활동을 막는다.

장은 제2의 뇌

행복 호르몬 세로토닌의 90% 이상은 위장에서 분비된다. 세로토닌은 내측 시상하부 중추에 있는 신경 전달 물질로 뇌에서 정신을 안정시키는 역할을 한다. 그래서 세로토닌이 모자라면 우울증, 불안증 등이 생긴다. 미국의 신경 생리학자 마이클 거슨 박사는 몸에서 분비되는 세로토닌의 90% 이상은 장에서 만들어진다는 사실을 발견해 장을 '제2의 뇌'라고 부르게 됐다.

자, 이제 알았으면 어서 가서 먹이거라!

예~!

탁 탁 탁

이 편식쟁이야! 좀 먹어라! 만날 토끼 똥만 싸면서!

락

와

캑캑~! 먹을게!

요구르트 드시어요.

안 먹어. 요구르트는 시큼해서 내 입맛에 안 맞아.

쓰윽

꾸역 꾸역

아하~! 이번 요리스타 대회에서 우승한 아이 말씀이시죠?

〈조선 의궤〉만 훔쳐서는 조금 부족하다는 말씀!

저기 있군~!

제4화

청이 납치 대작전

앗! 덕팔이 아저씨!

이크!

휙

슝

안녕하시옵니까, 한문 훈장님?

히익! 빠르다. 인사성은 정말 좋은 애야.

한문 훈장이 아니라 덕팔이 아저씨라니까~.

아하~! 그렇죠!

야! 어른 이름을 막 부르면 안 돼! 그리고 난 피에르 권이야!

덕팔이~♪

덕팔이~, 덕팔이 아저씨~♪

으으..., 진짜 세종대왕만 아니었으면!

잉?

키키킥~!
이런 복덩이가
오다니!

널 악마의 셰프에게
데려가고 난
악마의 소스를
얻는 거야!

꺄
아
아

바스락

쾅

이 바보야, 조심해!

아야, 미안~!

너무 떨려서 그래…:

그…, 그러니까 저번에 만났던 힘센 꼬마를 보쌈해서 데려오라는 거지?

응!

근데 형! 울라불라 셰프 정말 나쁜 사람인 것 같지 않아?

우리가 그런 말할 처지는 아닌 것 같은데.

왜?

우리가 도둑이라서? 그래도 할 말은 하고 살아야지!

시끄럽고! 빨리 꼬마 방이 어디인지 찾아봐!

뽁

여기 있다!
확실해?
꼬마 키가
요만했잖아.
맞아! 그럼 들어가서
보쌈하자!
하나!
둘!
셋!
파
파악
수고들 했어.
우리 빨리 가게
돈 줘!
나쁜…!
잠깐!
확인은 해야지.

푸훗~!
이 할머니는
주무시면서도
욕을 하시네.

어떻게 할 거야?

다…, 다시
모셔다 드릴게요.

후비적 후비적

이런
방화라야
~!

할머니, 날씨도
쌀쌀한데 왜
마루에서
주무시어요?

고뿔이라도 걸리면
어쩌시려고.

엥?
내가
왜 여기
있지?

이…, 이런!

여드름이
났다.

여드름? 어디?

안 돼!
가까이
오지 마!

팍

이마에 났구나.
누가 널 많이
좋아하나 본데.

그게 무슨
뚱딴지 같은
소리야?

그런 얘기가
있어.

여드름이 이마에
나면 누가 널 좋아하는
것이고, 볼에 나면 네가
누굴 좋아하는 거래.

뜨끔

풋, 말도 안 돼.
거짓말하지 마!

아니거든.
어느 정도는
맞는 말이야.

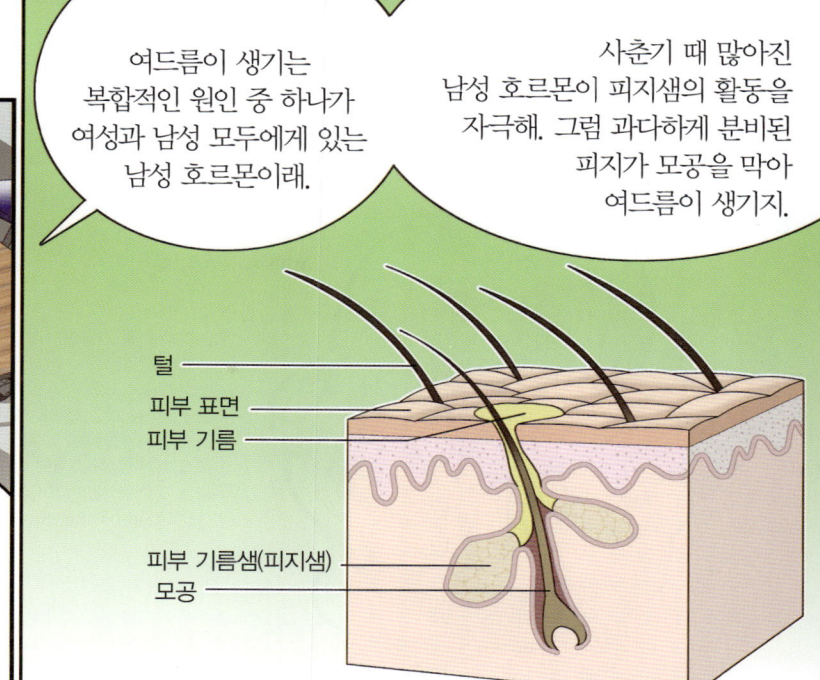

여드름이 생기는
복합적인 원인 중 하나가
여성과 남성 모두에게 있는
남성 호르몬이래.

사춘기 때 많아진
남성 호르몬이 피지샘의 활동을
자극해. 그럼 과다하게 분비된
피지가 모공을 막아
여드름이 생기지.

털
피부 표면
피부 기름

피부 기름샘(피지샘)
모공

그러니까
네 몸이 점점
어른이 되어
간다는 뜻이고,

그 말은
사랑에
대해서도
알아 간다는
뜻이지.

내가 또 연애 박사 아니겠냐~.
모르는 게 없지, 후훗!

풋!
기본이지

그럼 누가 날 좋아하고
있는 걸까? 궁금하네!

답답하면 한번
찾아봐.

난 피부 미인

여드름 완화엔 아연

청춘의 꽃 여드름. 하지만 여드름은 어린이, 청소년 심지어 어른까지 괴롭게 만드는 불청객이다. 보통 잠이 부족하거나 스트레스를 많이 받으면 피지 분비가 늘어나 여드름이 더 많이 나고 손으로 짜거나 자주 만지면 증상은 더욱 악화된다. 여드름을 가라앉히기 위해서는 저자극성 비누로 씻고 손으로 만지지 않는 등의 주의를 기울여야 한다. 하지만 음식을 잘 먹는 것만으로도 여드름 증상을 줄일 수 있다.

베타카로틴, 비타민 A, 아연, 크롬 같은 비타민과 미네랄은 여드름 치료에 이로운 성분들이다. 그중에서도 아연은 몸의 기능에 매우 중요한 300여 가지 이상의 효소가 정상적으로 작용할 수 있게 해 주는 필수 미네랄로 세포 재생, 면역력 강화, 건강한 호르몬 농도 유지 등의 역할을 한다. 실제로 여드름이 있는 환자는 핏속의 아연 양이 일반인보다 적고, 일정 기간 동안 아연을 먹은 결과 염증성 여드름이 나아졌다는 연구 결과도 있다.

아연은 굴, 생선, 호박씨, 감자, 아몬드, 마늘, 당근 등의 음식에 많이 들어 있다. 그러나 아연을 보조제로 섭취할 경우 설사, 미식거림, 복통 등의 부작용이 있을 수 있기 때문에 반드시 전문가와 상담하는 것이 좋다.

아연

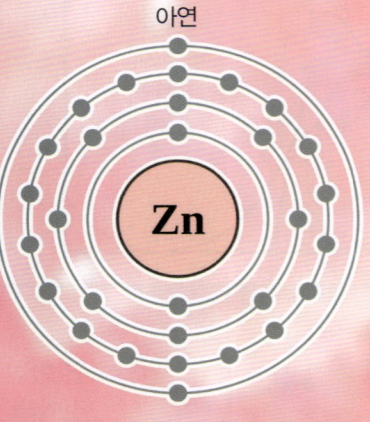

한울 선배님 내일 급식에는 두유를 드려야겠당.

내일 아침은 피부에 좋은 해물 찌개를….

후후후~,
조그만 녀석들이
웃기는군.

청이가
한울이를
좋아해?
그렇다면…!

그래!
그거야!
하하하!

역시
나는 나쁜
짓에는
천재라고!

안 돼! 이 정도로는
안 돼! 더 애절한
표현이 필요해!

밤새 썼다!

똑

어머머, 이게 뭐지?

우당탕

어저 내일이야 그럴줄을 모로드냐
이시라 ㅎ데면 가랴마는 제구ㅌ여
보ㄴ고 그러는 정은 나도 몰라 ㅎ노라

저녁 7시에 학교 주차장에서 기다리고
있을게~♡^^

쾅~

뭔데?

글씨가 이상해! 스팸인가?

휙 휙

통

그런가 봐! 에잇!

휘이잉

설마 한글을 못 읽는 거…?

왜 안 나타나는 거냐? 두 시간이나 지났는데.

콜록 콜록

가만, 가만.

청이는 훈민정음이 만들어지기 전에 태어났지!

으아아! 이 바보! 한문으로 썼어야지!

이래서 언제 악마의 소스를 얻어!

후훗~, 뭐가 잘 안 되나 봐요?

내가 도와줄까요?

정혜정 선생님의 요리 교실

붉게 솟은 내 얼굴의 여드름. 얼굴을 화성처럼 울퉁불퉁하게 만들고 아프기까지 하니 여드름은 참으로 미운 존재예요. 아무리 약을 바르고 관리해도 여드름이 자꾸 난다고요? 그럼 식습관을 바꿔 봐요.
필수 미네랄인 아연이 많이 들어 있는 음식을 먹으면 여드름을 완화시키는 데 효과가 있답니다. 그럼 아연이 많은 음식을 이용한 레시피를 공개할게요.

당근주스 달걀찜

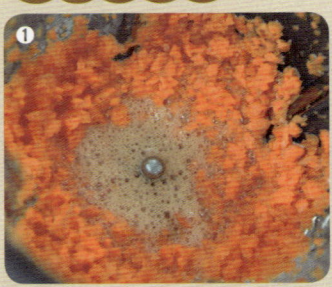

재료 달걀 3개, 당근 1개, 마늘 2개, 생강 조금, 호박씨 조금, 말린 파슬리 조금, 생 표고버섯 1개, 실고추 조금, 소금, 식용유, 참기름

① 믹서에 당근이 뻑뻑하지 않을 정도로 물을 넣고 함께 갈아 준다.
② 체에 걸러 당근주스만 따로 둔다.
③ 소금을 넣고 풀어준 계란과 당근주스를 섞어 10분간 찐다.
④ 표고버섯, 마늘, 호박씨, 실고추는 잘게 자르고 생강은 곱게 채썬다.
⑤ ④의 재료를 계란찜 위에 얹어 장식한다.
⑥ 참기름을 끼얹으면 완성!

잠깐!

▶ 당근주스와 달걀의 양을 조절해서 달걀찜의 부드러움을 조절할 수 있어요.

여드름엔 당근!

여드름이 많이 나서 스트레스를 받는다면 당근을 먹어 보자. 당근에 풍부하게 들어 있는 '베타카로틴'은 우리 몸에서 비타민 A의 일종인 '레티놀'로 변하게 된다. 비타민 A로 변한 베타카로틴은 여드름을 완화시켜 주는 것은 물론 면역, 성장, 시력에도 영향을 미치는 필수 영양소다. 기름에 잘 녹는 지용성 성분이기 때문에 올리브유 같은 기름을 조금 넣어 주스로 갈아 마시면 몸에 더 잘 흡수된다. 베타카로틴은 특히 당근 껍질에 많이 있으므로 껍질째 갈아서 마시거나 껍질을 얼굴에 팩으로 사용하면 좋다.

비린내 제거에는 생강!

생강은 달걀의 비린내를 없애 주는 역할을 한다. 생강의 매운 맛을 내는 '진저롤' 성분이 바로 주인공! 이 진저롤 성분은 달걀뿐만 아니라 고기 냄새나 생선 비린내를 제거하는 데도 탁월해서 요리를 할 때 자주 사용된다. 그러나 생강 자체의 향이 강하기 때문에 향을 줄이기 위해서는 최대한 곱게 채썰어서 넣어 주면 좋다. 진저롤 성분은 위를 자극하여 위액을 나오게 해 소화를 돕는 역할도 한다. 또 기침, 감기를 치료할 때도 사용되며 멀미가 날 때 생강을 씹어 먹으면 진정되는 효과도 있다.

7

붉으락 푸르락

왜 웃어?

청이의 도움이 또 필요한가 봐요?

아니거든!

에이~, 맞는 거 같은데~!

나쁜 어린이! 무슨 얘기를 해도 듣지 않을 테다!

나한테 좋은 생각이 있는데! 조금 있으면 학교에서 가을 소풍을 가거든요.

번 쩍

그래서?

그러니까 소풍을 가서 소곤소곤~.

이러쿵저러쿵 하면 끝나는 거죠. 간단해요! 호호홋~.

브라보! 정말 완벽한 계획이야!

어쩜 너는 얼굴도 예쁘고 똑똑한 애가 못된 생각도 그렇게 잘하니?

앙?

안 해. 나 갈래.

흥!

가지 마! 칭찬한 거야!

청이만 보면 짜증이 나요. 그리고 이번 요리스타 코리아 대회 1등은 사실 저라고요!

어떻게 누룽지가 1등을 할 수 있어?

인정 못 해!

너만 그렇게 생각하겠지.

후훗, 그러니까 청이 대신 2등을 한 네가 세계 대회에 나가고 싶다?

당연하죠~.

하하하! 하하하! 좋아! 이제 우리는 다시 한 팀이다!

호호호~! 호호호~! 호호호~!

목요일.

내일은 소풍 가는 날이에요.

야호~! 선생님 최고예요!

어디 가요? 밥은요?

급식은 안 되니까 모두들 도시락 준비하세요.

와아 와아 야호

네!

소풍? 나들이를 말하는 거니?

맞아.

한울 도련님 도시락도 준비해야겠구나~♥

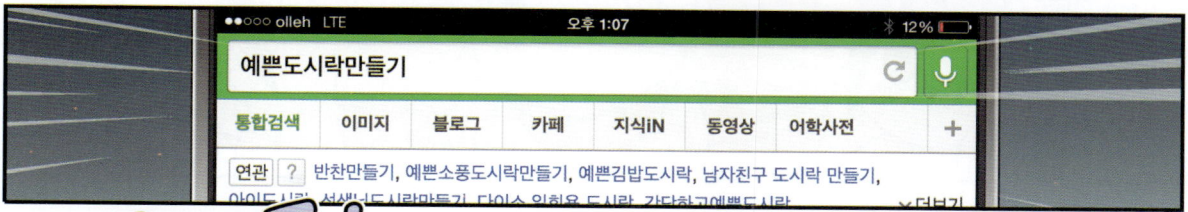

●●○○○ olleh LTE 오후 1:07 12%

예쁜도시락만들기

통합검색 이미지 블로그 카페 지식iN 동영상 어학사전 +

연관 ? 반찬만들기, 예쁜소풍도시락만들기, 예쁜김밥도시락, 남자친구 도시락 만들기,
아이돈시라 서생니도시락만들기 다이스 일회용 도시란 간단하고예쁜도시락

탁 탁 탁 탁

그 다음 맛살도 얇게 찢어 준비합니다.

참으로 신기하단 말이야!

이 조그만 곳에 이렇게 많은 책들이 들어 있다니!

그런데 올리고당은 뭐고 카놀라유는 또 뭐지?

스…; 슬라이스? 오랑캐 말인가?

왜?

이 검은
종이는
뭐야?

검은 종이?
그런 게
어디 있어?

이거
'완도 김'이라고
읽는 거 맞지?

쿵~, 쿵~!
근데 이 종이에서
바다풀 냄새가 나네.

김을 처음 보니?
김도 바다풀의
일종이긴 한데…

킁킁‥

대체
청이 나이는
몇 살일까?

아~
돌은 냄새!

그런데 이건
왜 이름이
'김'이야?

……

킁킁

한문으로는
어떻게 쓰니?

무슨 '김'자야?

……

과거에는 김을 '해의(海衣)'
또는 '해태(海苔)'라고 불렀단다.

앗, 할머니!

김은 얕은 바다의 돌 위에
이끼처럼 붙어 있는
홍조류다.

우리나라 서남해안,
특히 완도에서 양식되어
마른 김으로 가공해
먹는 거란다.

삼면이 바다인 우리나라와
섬인 일본에서 주로
먹고 있지.

어인 일로 학교에
오셨어요?

내일 세자마마의 소풍날이 아니냐.
도시락은 내가 만들어야지.

아! 예…

쉿!

소녀도 만들 수
있사온데….

청아, 파 한 단만
다듬어 오거라.

또각

또각

아! 예~.

아차! 그리고 조금 전
김이 왜 김이냐고
물었지?

그 이유는 처음으로
김을 양식한 사람의
성씨가 김씨였기
때문이란다.

네에?

요오드와 김 이야기

우리가 김을 쉽게 먹을 수 있는 것은 김여익 덕분이다. 바다에서 채취하는 자연산 김은 양이 많지 않다. 그래서 과거에는 김이 왕이나 외국의 사신들에게만 대접하는 귀한 음식이었다. 1604년경에 전라도 광양의 김여익이 김을 양식하는 방법을 개발했고, 지금의 김을 만들게 되었다.

삼면이 바다인 우리나라와 달리 해산물을 접하기 힘든 인도, 방글라데시, 아프리카 지역에서는 요오드 결핍 증상을 겪는 사람이 많다. 요오드는 갑상선 기능에 중요한 역할을 하는 필수 무기질로, 요오드가 부족하면 갑상선 호르몬 생성이 줄어들어 피로를 쉽게 느낀다. 또한 체중이 늘거나 체온이 떨어지는 등의 증상이 나타난다.

특히 요오드는 임산부에게 중요하다. 요오드의 섭취량이 부족하면 태아의 뇌와 신경계 발달 및 성장에 문제가 되는 크레틴병이 생길 수 있기 때문이다.

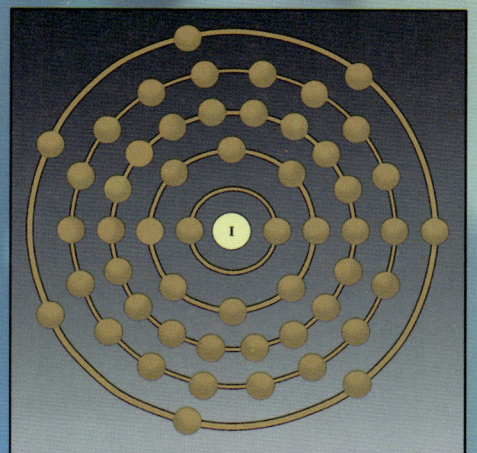

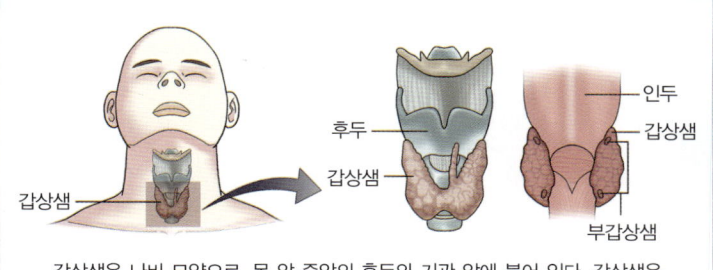

갑상샘은 나비 모양으로, 목 앞 중앙의 후두와 기관 앞에 붙어 있다. 갑상샘은 신체의 기초 대사를 조절하는 갑상샘 호르몬과, 핏속의 칼슘 대사를 조절하는 칼시토닌을 만들어 분비한다.

금요일.

짝 짝 짝…

광흥수목원

와글 와글

청이 기지배 어딨지?

야! 1학년!

깊고 작은 산골짜기 사~이로~, 맑은 물 흐르는~♬

쎄 쎄 쎄

내 말 안 들려?

작은 샘터에…, 앗!

캬~, 좋다~♬

뚝뚝국
뚝국 뚝국

식혜

으으...,
소풍 오는데 웬 한복?
지금은 21세기거든,
이 생각 없는 생각시야!

이게 바로
무릉도원이구나~!

너희들도
식혜 한 잔씩
하지 않을래?

뭐야!
너희 둘 지금
춘향전 찍냐?

식혜는 무슨!
집에 가서 단둘이
하든지 해!

요리영재학교
학생들은 광장으로
모여 주세요!

곧 보물찾기가
시작됩니다!

우와! 빨리 가자

보물?

다 다 닥

후후홋~!

끼끽~!

헤헤헤~!

뿍 뿍 뽀옥

낭.떠.러.지!

그냥 시키는 대로 해요! 어른이 왜 이리 겁이 많아요!

그래야 내가 세계 대회에 나갈 수 있다고!

보물찾기가 시작되면 내가 시킨 대로 하세요.

저…, 정말 할 거냐? 거긴….

제5화

수상한 보물

지금부터 보물찾기를 시작하겠어요!

국제영재학교 가을 소풍

꽃밭에는 없어요. 꽃들이 아야~, 하니까 들어가지 말아요!

네!

시간은 1시간! 그럼 시작!

와
와
와아

우리도 빨리 찾자.

예.

부스럭 부스럭

오~!
차···, 찾았다!
난 럭키 가이!

이번 소풍에선
운이 좋은데!

메롱
꽝!

이렇게 쉽게
찾을 리가 없지.

삑 삑

아니,
이것은!

설마 청이가
보물을?

우아~,
대단한데!
벌써 찾은 거야?

꽝은
아니지?

다다 다다

행?

이게 뭐야?

이건 개암버섯이옵니다.

아이~, 버섯들이 꽃처럼 예쁘게도 피었네.

조금 전부터 버섯 향이 나는데 다른 풀 냄새 때문에 쉽게 발견하지 못했습니다.

건강에도 좋고 고기랑 구워 먹으면 그 맛이 천하일품이옵니다.

누가 개코 @아니랄까봐

보물찾기부터 해야지.

찾고 있답니다! 버섯도 따면서요!

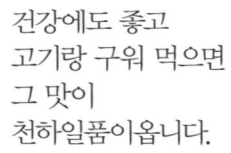

킁킁킁킁..

저쪽에서도 버섯 냄새가 나옵니다.

청아, 너무 멀리 가지 마~! 그러다가 길 잃어버려!

탁

탁

탁

예!

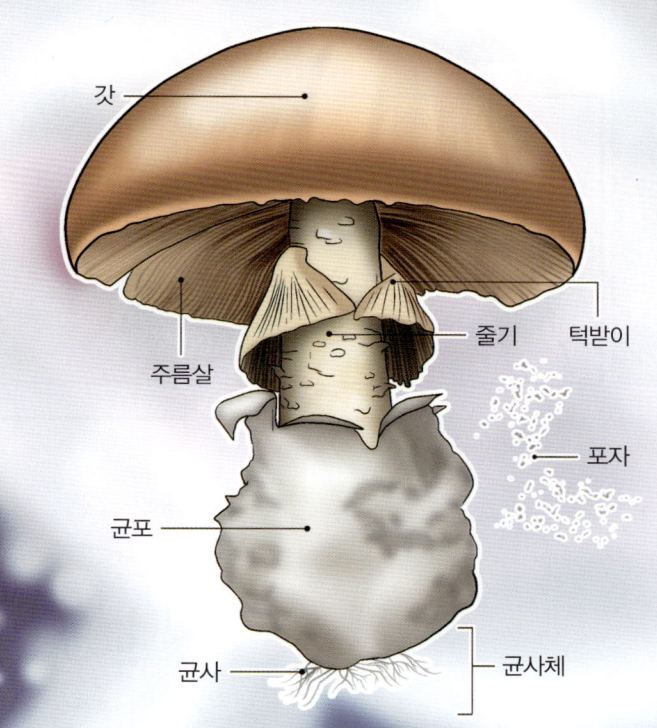

- 갓
- 주름살
- 줄기
- 턱받이
- 포자
- 균포
- 균사
- 균사체

요리조리 과학 이야기

숲 속의 청소부 버섯

여름 내내 파릇파릇했던 나뭇잎들은 가을이 되면서 노랗거나 빨갛게 물들며 떨어진다. 그러면 도시에서는 가로수에서 떨어진 낙엽을 사람들이 청소한다. 그런데 숲 속의 낙엽들은 청소부가 청소하지 않아도 시간이 지나면 깨끗이 사라지고 흙만 남는다. 숲에 떨어진 많은 낙엽은 누가 청소한 것일까?
주인공은 버섯! 버섯은 식물도 동물도 아닌 균류다. 균류는 스스로 영양분을 만들지 못하기 때문에 낙엽이나 나무줄기, 동물의 시체 등에서 양분을 흡수하면서 자란다. 솜털 모양의 가는 실 같은 균사가 낙엽에 붙어 세포벽을 이루고 있는 단단한 셀룰로오스를 분해하는 역할을 한다. 그럼 낙엽은 점점 영양분을 빼앗기며 부스러져 결국 흙의 상태로 돌아가는데, 이것이 바로 '썩는 과정'이다. 만약 균류가 없다면 숲은 거대한 쓰레기장이 될 것이다. 이런 의미에서 버섯 같은 균류를 '숲속의 청소부'라 부른다.

곤충의 몸에서 자라는 버섯

동충하초(冬蟲夏草)는 곤충에 기생해서 자라는 버섯이다. 겨울에는 가는 실 모양의 균사가 죽은 곤충의 몸에 붙어 지내다가, 여름에 풀이 자라듯 곤충 몸 위로 버섯으로 자라서 이런 이름이 붙었다.

로마의 폭군 네로 황제는 '버섯 왕'이란 별명이 붙을 만큼 유난히 버섯을 좋아했다.

이상도 하지.
분명 전화벨 소리가
들렸는데…

가연이니?
왜 전화했어?
하마터면 들킬
뻔했잖아!

잘돼 가요?

수목원 끝까지만 유인하면 그 뒤에는 맹꽁이 산이 있어요.

맹꽁이 산

그 산은 산길이 너무 복잡해서 한 번 들어가면 다시 나오기 힘들거든요.

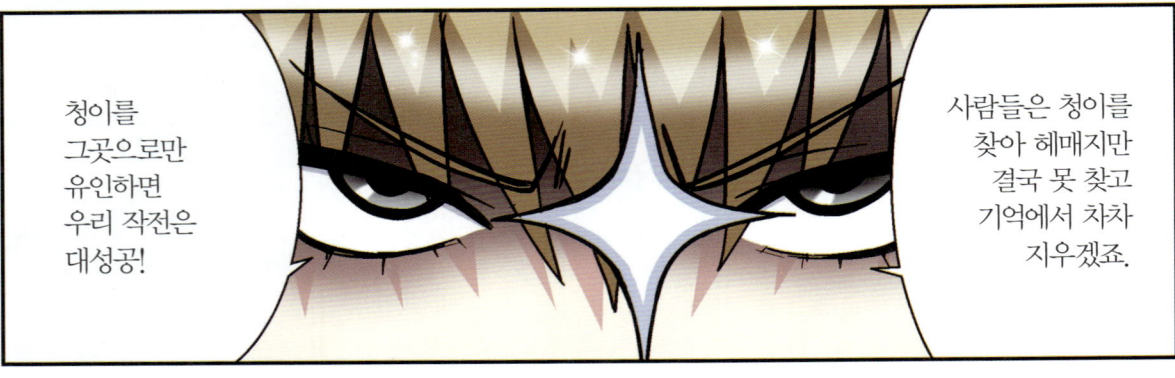

청이를 그곳으로만 유인하면 우리 작전은 대성공!

사람들은 청이를 찾아 헤매지만 결국 못 찾고 기억에서 차차 지우겠죠.

그 사이에 아저씨는 청이를 데리고 떠나면 돼요!

호호호!

OK~! 좋아. 그깟 버섯들 내가 다 따 버리겠어.

어, 이상도 해라.

갑자기 버섯 냄새가 사라지고 있어.

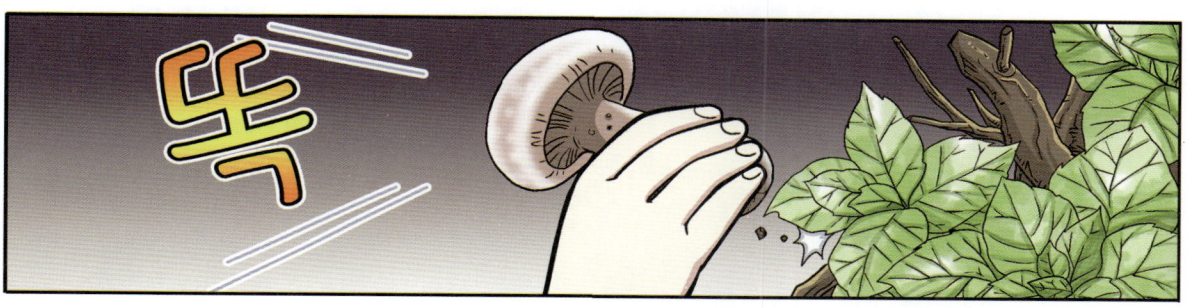

ㅎㅎㅎ~, 당연하지. 우리가 다 땄으니까!

앗, 저기도 버섯 있다! 다 따 버려!

20년 악당 인생에서 버섯 따기는 처음이야, 참~나.

그런데 형, 이 버섯 집에 가져가서 먹어도 될까?

당연하지. 우리가 땄는데!

거기 꼼짝 마요!

이 사람들이 여기가
어디라고 버섯을 따!

저기 딱 봐도
나쁜 사람처럼
생긴 사람이
시킨 거예요.

저희는 정말
몰랐어요.

아이~,
진짜.

국유림 내 임산물
불법 채취는 산림 자원의
조성 및 관리에 관한
법률에 의거하여
처벌 받을 수 있습니다.

그리고 당신들
지금 무엇을
땄는지 알아요?

맛있는
버섯요.

아니거든!

이것은 개암버섯과 모양은 비슷하지만
맹독성을 갖고 있는 노란다발
버섯입니다. 먹으면 죽어요!

히이익!

야! 무슨 조리사가 버섯도 구분 못 해? 큰일 날 뻔했잖아!

그러게! 난 집에 가서 진짜 먹으려고 했어!

조리사라고 버섯 다 아냐?

조용, 조용! 이야기 마저 들어요.

특히 잘못된 속설만 믿고 독버섯을 먹으면 정말 위험하다고요. 알아요?

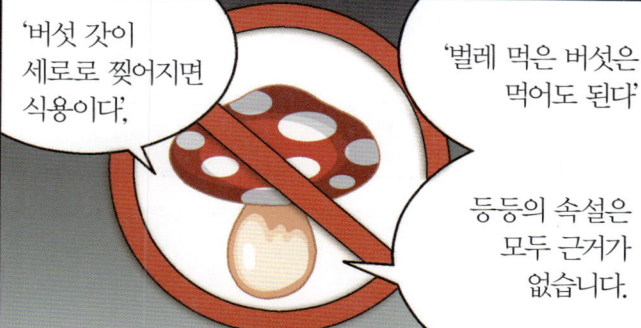

'버섯 갓이 세로로 찢어지면 식용이다',

'벌레 먹은 버섯은 먹어도 된다'

등등의 속설은 모두 근거가 없습니다.

때문에 중독 사고를 피하려면

잘 모르거나 확실하지 않은 버섯은 아예 먹지 않는 것이 좋아요.

선생님, 그럼 저처럼 버섯을 아주 좋아하는 사람은 어떻게 하죠?

떡

시장이나 마트에서 안전한 버섯을 사 드세요.

아하~!

고맙습니다. 이런 좋은 정보를 주셔서.

아니요. 저희가 당연히 해야 할 일인 걸요.

그럼 수고하세요. 안녕~!

잘 가세요.

정혜정 선생님의 요리 교실

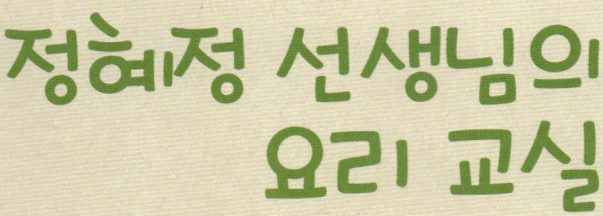

당면 없는 잡채가 있다? 당면처럼 길쭉하고 쫄깃한 맛을 낼 수 있는 재료를 사용하면 특별한 음식을 만들 수 있어요. 이번에는 쫄깃한 맛이 일품인 버섯을 당면 대신 사용한 버섯잡채를 만들어 볼 거예요. 향도 좋고 맛도 좋은 버섯잡채, 다함께 만들어 봐요!

버섯잡채

재료 새송이버섯, 느타리버섯, 팽이버섯, 건표고버섯, 만가닥버섯, 양파 1/2개, 부추 조금, 홍고추 1/2개, 소금 약간, 양념(간장, 설탕, 참기름, 통깨, 후춧가루 약간, 마늘)

❶ 건표고버섯을 찬물에 30분 정도 불린다.
❷ 마늘을 다지고 양념의 재료를 모두 섞는다.
❸ 느타리버섯과 만가닥버섯은 손으로 찢고, 새송이버섯과 불린 건표고버섯은 칼로 채 썬다.
❹ 부추는 5cm 길이로 자르고, 양파와 홍고추는 채 썬다.
❺ 팬에 참기름을 약간 두른 뒤, 버섯과 양파, 소금을 함께 넣고 볶는다.
❻ 양념을 넣고 볶은 뒤, 부추와 홍고추를 넣으면 완성.

잠깐!

▶ 건표고버섯을 쓰면 생표고버섯을 썼을 때보다 음식에서 버섯 향이 더 많이 나요. 건표고버섯은 찬물에 불려야 향이 날아가지 않는답니다.

버섯 먹고 바이러스 퇴치하자

버섯은 고대 그리스와 로마 인들이 '신의 식품'이라 불렀을 정도로 맛과 향이 일품이다. 칼로리는 낮고 식이섬유가 풍부해 건강식품으로 각광받고 있다.

최근에는 버섯이 면역 체계를 강화시켜 준다는 사실도 밝혀졌다. 미국 글렌 카드웰 터프츠 대학교 교수는 "버섯에 들어 있는 진균이 면역 체계를 강화시켜 박테리아와 바이러스의 감염을 차단하는 효과가 있다"고 발표했다. 글렌 교수는 "버섯을 먹으면 우리 몸을 감염으로부터 방어하는 데 중요한 역할을 하는 '사이토킨'의 혈중 수치가 증가하기 때문"이라고 설명했다.

버섯 고르는 방법도 여러 가지

버섯은 다양한 종류만큼 고르는 방법도 손질하는 방법도 다 다르다. 송이는 갓이 도톰하고 대가 짧으면서 단단한 것이 좋다. 먼저 흙이 묻어 있는 기둥 끝 부분을 칼로 도려낸 뒤, 물에 씻지 말고 젖은 행주를 꼭 짜서 갓 부분부터 조심스럽게 닦는다.

표고는 갓 안쪽이 흰색으로 지나치게 피지 않고 살이 도톰하며 겉이 보송보송한 것이 좋다. 느타리버섯은 작으면서도 갓의 색이 진하고 줄기가 굵은 것으로 단단하고 탄력 있는 것이 맛있다. 무엇보다 버섯은 상하기 쉬운 재료니 빨리 먹는 것이 좋다.

소 떡
소 떡...

얘들아! 보물찾기는 그만!
찾은 쪽지는 모두 여기로
가져오렴!

1등!

1등
선물은
보드게임
이래!

와아~!
좋겠다!

난 귀여운 인형
받았어~♥

선배님은요?

난 하나도 못
찾았어. 이런 거
원래 잘 못해.

어머머,
그런데…

청이는 어디
갔어요?

뭐? 아직 안 왔어?

파

이 녀석, 보물찾기 안 하고 버섯 따는 데 정신 팔려 있더니!

아직도 따고 있는 거 아냐? 가 봐야겠다!

다 다 다

선배님, 같이 가요!

후훗, 지금 가 봐야 소용없을걸!

맹꽁이 산길은 워낙 복잡해서

등산 경력 20년인 우리 아빠도 종종 헷갈리시거든!

이제 확실히 학교에서 청이를 내보낼 수 있겠어!

얘들아 이제 집에 가야지? 버스 있는 곳으로 모여라!

아이고, 너무 늦었네. 버섯이랑 보물에 정신이 팔려 있었어.

벌써 유시(17~19시)는 넘은 것 같은데….

기다리실 거야.

아?

입산금지

이 산은 산불예방을 위한 입산통제 구역입니다

조금 전에 지나온 것 같은데….

입산금지

이 산은 산불예방을 입산통제 구역입니

탁 탁

하아 하아

앗!

어떡해!
제자리만
맴돌고 있어!

좋아! 조금은
어둡지만
이 길로
가 보자!

푸석 푸석
푸석

나무가 많아서
많이 어둡구나….

풀 쑥

슈웅

불러도 소용
없대도, 참.

청아
청아

따
딱 딱

아이 진짜. 청아,
어디 간 거니?

너무 걱정 마.
금방 찾을 거야.

이 녀석
오기만 해 봐!

너도 좀 찾아봐.
껌 좀 그만 씹고!

흥.

웬 참견이니?

따 딱

따 딱 딱

혹시….

너, 청이가 어디
있는지 아니?

어머머머…!
왜 이러니? 내가
어떻게 알아?

따 딱
딱 딱
딱 딱
딱 딱 딱

그럼 왜 그렇게
긴장을 하고, 잘 안 씹던
껌을 요란하게 씹어?

새…, 새…, 생사람 잡지 마.

그리고 나, 풍선껌 완전 좋아하거든! 몰랐니?

부~우

우오!

빵

꺄악! 어떡해! 내 머리!

요리조리 과학 이야기

시험 5분 전 껌 씹기, 점수가 올라간다?

시험을 보기 전 5분간 껌을 씹으면 성적 향상에 도움이 된다는 흥미로운 연구 결과가 있다. 미국 세인트로렌스 대학교 심리학과 서지 오나이퍼 교수는 224명의 대학생들을 대상으로 껌 씹기와 시험 점수의 상관관계를 확인하는 연구를 했다. 실험 참가자를 세 그룹으로 나눠 한 그룹은 시험 보기 전 5분간 껌을 씹게 하고, 또 한 그룹은 시험을 보는 도중에 껌을 씹도록 했다. 그리고 나머지 그룹은 껌을 씹지 않도록 했다.

그 결과 시험 직전 5분간 껌을 씹은 그룹이 나머지 그룹보다 시험 성적이 높은 것으로 나타났다. 그리고 껌을 씹은 후 효과는 시험을 시작한 후 20분간 지속되었다. 오나이퍼 교수는 "씹는 운동이 우리 몸의 피를 활발하게 움직이게 만든다"며, "뇌에도 더 많은 피가 공급되면서 뇌 기능이 활발해졌기 때문"이라고 분석했다.

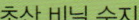

VS.

초산 비닐 수지   천연 치클

껌을 만드는 두 재료

껌을 만드는 껌베이스의 주성분은 석유다. 원래는 '사포딜라'라는 나무의 수지인 '치클'을 쪄서 만들었다. 그러나 현재 우리가 씹는 껌의 대부분은 석유 추출물을 화학적으로 합성한 '초산 비닐 수지'라는 물질에 천연 치클을 조금 혼합하여 만든다. 왜냐하면 열대우림이 줄어들면서 사포딜라도 같이 줄어들어 천연 치클의 값이 비싸졌기 때문이다.

아…

어머머,
여긴 어디지?
어떻게 된 거야?

밤이잖아!

벌떡

저렇게
높은 곳에서
떨어져 기절을
했구나.

도련님이 많이
걱정하시겠다!
빨리 가야 해!

네?
뭐라고요?

콩

소풍 가서 학생 한 명이
없어졌다고요?

예. 아이들은
모두 집으로
돌려보내고
선생님들이
찾고 계십니다.

이런…, 이런… 잃어버린 아이가 누굽니까?

아시죠? 청강생 청이라고!

청아!

와르르

부엉 부~엉

아아… 도무지 길을 모르겠구나!

아니야! 힘을 내, 청아!

호랑이에게 잡혀가도 솟아날 구멍은 있다고 했어!

그래, 저기 봐! 불빛이 보이잖아!

으으으~.
이 집…;
너무 무섭다.
그냥 갈까?

하필
비까지
오네.

이…, 이…
이리 오너라~!

톡!

톡!

으앙~!

이 야밤에 뉘시온지요?

ㅅㅅㅅ

소…, 소복?

지…, 지…
지나가는 과객이
하룻밤
묵어갈 수…:

지금 무슨
소리니?

탁 탁
탁

저, 길을
잃어서요.

비가 많이 옵니다.
누추하지만 들어오시지요.

저…, 저는 그냥
산에서 내려가는 길만
가르쳐 주시면 되는데요.

어서!

우아~,
저 요리사 연기도
완전 잘하네!

진짜 여자 목소리
같았어.

그렇지? 형!

···

내가 아직도
네 형으로 보이니?

꼬르르륵!

누가 내 집에

주인 허락도 없이
들어온 거야?

제6화

귀신이 남긴 말

으으으~, 여기 조금 무섭사옵니다….

끼익

끼익

앗!

밥을 차려 오겠습니다.

아…, 아니요. 괜찮은데요.

꽝

금방 올 테니 꼼짝 말고 여기 계십시오!

뚜욱

청이를
가두는 데
성공했군!
모두 나와!

내가 악마의
셰프에게
연락할 동안
꼬마 좀
지키고 있어!

스스스

엥?

야! 왜 너까지
소복을 입었어?

그렇게 일하면
오늘 일당은
안 줄거야!

…

시킨 대로
안 할래?

빨리 가서
못 도망가게
문이나 잠가!

여보세요?
악마의 셰프!
나예요.

약속대로
조선 시대에서 온
생각시를
잡아 놨으니,

악마의 소스를
내놓으시…?

흑
흑
흑

흑, 흐윽~.
흑흑…:

딱 딱
딱

…

죽을래?
깜짝
놀랐잖아!

누가
이런 가면
쓰라고
했어?

이게
진짜...

가면 아니다.
흑흑~,
흐흐흑!

진짜다.

짠

짜~잔

툭

나, 이런 것도 할 줄 안다.

슈욱

이히히히~

이래도 안 믿냐?

둥실

둥실

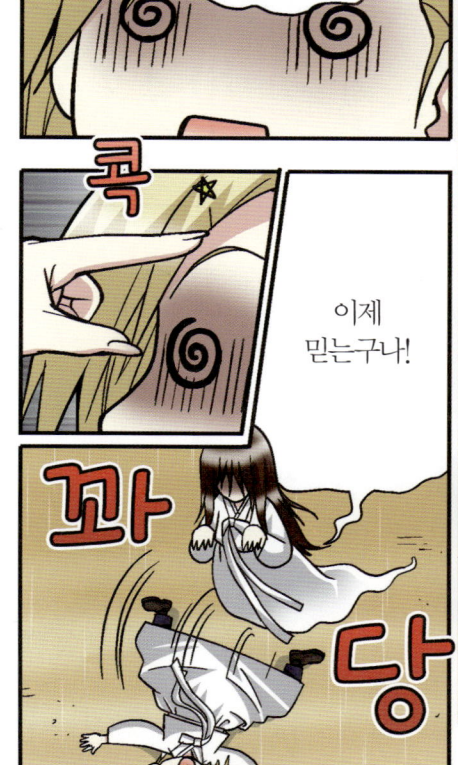

흑윽흑….

콕

이제 믿는구나!

꽈

당

저…, 저기요.

히 히 히…

밤이 늦었는데 밥은 안 하셔도 되옵니다. 그냥 산을 내려가는 길만 가르쳐 주시어요.

그래! 한 녀석 더 있었지!

!

청아! 어디 있느냐?

금지옥엽 내 딸아!

청이야!

청이야~!

?

부니럭

부니럭

청아!

우 우 우

앗, 이런 세자마마!

이 녀석! 넌 학교에 있어야지! 왜 여기에 있어?

교장 선생님!

너무 걱정이 돼서요.

아아… 성은이 망극하옵니다, 마마. 하지만…

어서 썩 학교로 가!

부

으아아!

웅

흐으윽~, 흑흑! 흑흑!

?

흐흐흑…, 안 돼…, 안 돼.

왜 이렇게 우시어요? 혹시 무슨 변고라도 있으셔요?

뭐가 안 되나요?

아…, 안 돼!

흐윽…, 흐윽.
밥이 잘 안 돼요.

위에는
설익었어요.

아래는
까맣게 타고.

흑 흑 흑

?

오늘이
돌아가신 서방님
제삿날인데
아무리 밥을
하려고 해도
삼층밥만
지어집니다.

제가 해 드릴까요?

이래 봬도 조선 시대
수라간을 지키던
생각시랍니다!

생각시라고?
거짓말!

파

나쁜 녀석!
지금 시대에
생각시가
어디 있어!

돌은 이만 하면
되겠어요.

어?

귀신같이
빠르네.

그 돌로 뭘 할 수
있는데요? 흑흑~.

그…, 그건
잘 모르겠지만.

괭~

산에서 밥을 지을 때는 이렇게
솥 위에 돌을 얹고 지으라고
어머님이 말씀하셨사옵니다.

왜…, 왜요?
흑흑~.

'대기압' 때문이다!

한문 훈장님이
왜 거기에?

?

산에 높이 올라갈수록 대기의 압력이 낮아지기 때문에 끓는점도 낮아져. 그래서 낮은 온도에서 물이 끓기 때문에 밥은 설익게 되는 거야.

앗! 아직 귀신이 있다! 꼴까닥!

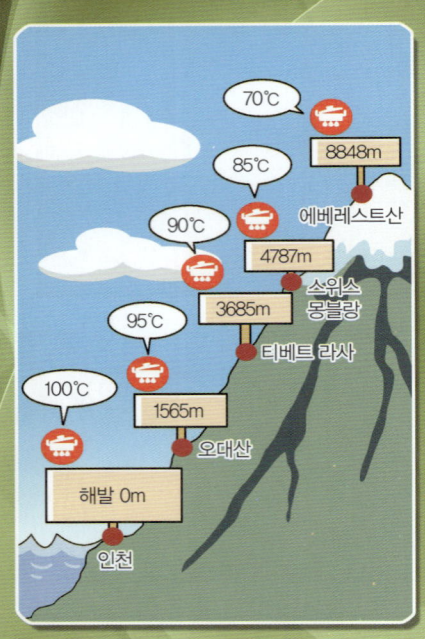

70℃ 8848m

85℃ 4787m 에베레스트산

90℃ 3685m 스위스 몽블랑

95℃ 티베트 라사

100℃ 1565m 오대산

해발 0m

인천

요리조리 과학 이야기

생활 속에 과학원리-기압차

우리 주위에는 공기가 있으며, 항상 공기의 무게에 눌리고 있다. 공기의 무게에 의해 생긴 압력을 '기압'이라고 한다. 그러나 평소에 우리는 이 무게를 느끼지 못한다. 왜냐하면 기압이 우리 몸에 작용하는 힘은 보통 평형을 유지하기 때문이다.

다시 말해, 우리 몸속에서 작용하는 압력과 대기압이 같기 때문에 그 무게를 느끼지 못하는 것이다. 그래서 대기압이 높거나 낮은 곳으로 가면, 기압 차이만큼 공기의 무게를 느낄 수 있다.

기압은 장소에 따라 차이가 나는데, 산은 평지보다 기압이 낮다. 그래서 물이 100℃보다 낮은 온도에서 끓는다. 때문에 산에서 밥을 지으면 쌀이 익기도 전에 물이 먼저 끓어 밥이 설익게 된다. 이때는 무거운 돌멩이를 밥 짓는 그릇 위에 올리면 압력이 올라가 평지에서처럼 밥을 지을 수 있다.

마그데부르크의 반구 실험

그럼 대기압의 힘은 얼마나 클까? '마그데부르크의 반구 실험'은 대기압의 힘이 얼마나 센지 확인하는 대표적인 실험이다. 1657년 독일 마그데부르크의 시장이었던 오토폰 게리케는 구리로 된 반구 두 개를 맞춰 붙이고 그 속의 공기를 빼서 진공 상태를 만들었다. 그 뒤, 이를 다시 분리시키는 데 필요한 힘을 측정해 보았다. 양쪽에 줄을 매어 말이 끌어당기게 한 것이다.

6마리까지 말의 수를 늘렸지만 반구는 꿈쩍도 하지 않았다. 양쪽에서 말 8마리가 잡아당기자 마침내 두 반구가 떨어졌고, 떨어지는 순간 총성과 같은 큰 폭음이 들렸다고 한다.

스르렁

어머머~, 밥이 아주 맛있게 됐어요! 언니!

짝 짝 짝

저보다 댁이 더 언니인 것 같은데요, 언니!

폴짝

아….

어이구, 맛있고만!

서방님, 많이 드시어요!

그럼 저희는
이만···

고맙다는 말을
어찌 다 전할 수 있을지
모르겠습니다.

아니옵니다.

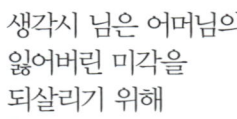
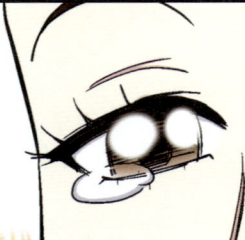

생각시 님은 어머님의
잃어버린 미각을
되살리기 위해

생각시가 되셨지요?

그걸 어떻게
아셔요?

후후~, 곰곰이
생각해 보세요.

어머님의 미각을
찾아 드릴 음식은
멀리 있지 않아요.

네?

펑

저…, 저기요.
잠깐만요!

청아!

청이야!

청아!

와르르

아버님.

부스럭 부스럭

으아앙!
청이야!

어머머!

꼬

옥

얼마나
걱정했다고!

하하하~,
하하하~,
하하하~!

호호호,
아이 참~.

후훗, 역시
세자마마는
여자 보는 눈이
높으시군.

우리 청이가
외모로 보나
학식으로 보나….

푸헤헤! 너 완전
무식하구나?

무식?
이
양반이!

어떻게
지구가 네모나고
하늘이 둥글다고
생각하니? 지구는
둥글거든!

지구가
둥글다면
밑에 사는
사람들은
하늘로
떨어지지요!

으아앙, 청이야!
너 때문에 얼마나
걱정했는지 알아?

버섯이 아무리 좋아도
다시는 그러지 마!
얼마나 찾았다고!

가연이도 청이가
걱정이 돼서 찾으러
온 거구나!

이 사람이 나를?
내일은 해가
서쪽에서 뜨겠네.

당연하지!
우린 모두
친구잖니!

쿡
쿡

척

어머머~!

으아~, 춥다!

그래? 빨리 가자.

차에 내 코트 있어.

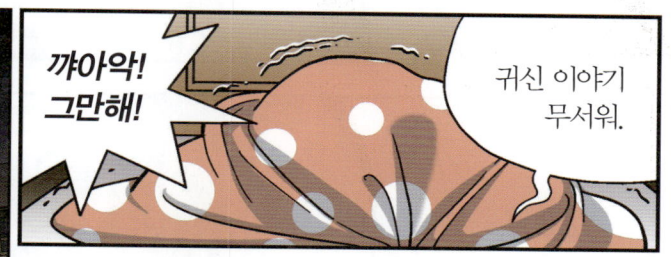

꺄아악! 그만해!

귀신 이야기 무서워.

무섭지 않아. 착한 귀신이었어.

착한 귀신이 어디 있니? 다 똑같지.

아니야.

잃어버린 어머님의 미각을 되살리고 싶으시죠?

곰곰이 생각해 보세요. 답은 멀리 있지 않답니다.

도무지 모르겠어요.

그냥 얘기해
주시지….

푸

다 닥

악! 저게 뭐야?
꺄아아!

벌레다!

탁

탁

잡았다!

어머머, 벌레를
손으로 잡으면
어떡해?

안
두너워?

무섭긴.
귀여운 어,
메뚜기네?

짜잔!

꿈틀 꿈틀

꿈틀

으아아! 무서워!

징그러워!

왕벌레들의 습격이다!

왜들 그럴까요?

너는 메뚜기가 징그럽지 않니?

네. 만날 갖고 놀았는걸요. 그리고…

《동의보감》에는 매미나 메뚜기, 풍뎅이, 꿀벌처럼 먹을 수 있는 곤충 95종류와 효능이 기록돼 있사옵니다.

선조들은 먹을 것이 부족한 보릿고개에 메뚜기, 매미 같은 곤충들을 구황 식품으로 먹으며 버티기도 했지요.

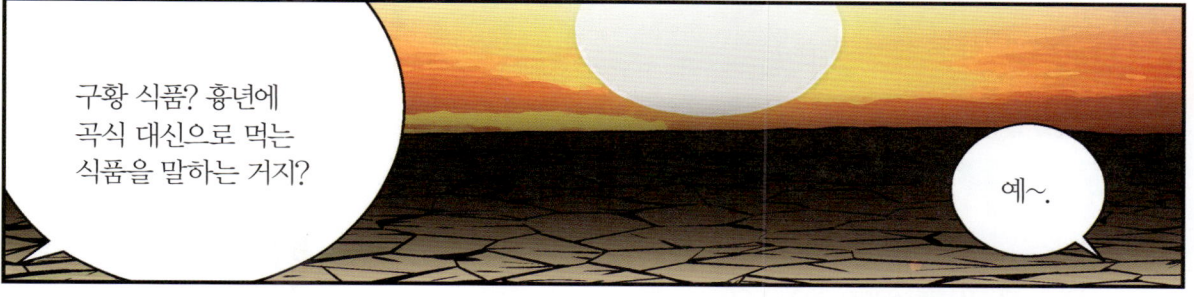

구황 식품? 흉년에 곡식 대신으로 먹는 식품을 말하는 거지?

예~.

조용! 모두 자리에 앉아라!

탕 탕

선생님 그걸 왜 먹어요?

마트에 가면 맛있는 게 얼마나 많은데요!

앞으로 훌륭한 요리사가 꿈인 녀석들이 식재료에 편견을 가지면 안 되지.

식용 곤충은 오래 전부터 인간에게 좋은 먹거리였다.

국제연합기구(UN)는 지금 같은 추세라면 2050년 세계인구가 약 90억 명을 돌파할 것으로 예상하고 있어.

인구가 늘어날수록 식량과 물 부족 문제는 더욱 심각해질 거야.

요리조리 과학 이야기

'식량이 무기보다 무서운 무기 된다'

우리는 배가 고프면 언제든 치킨, 피자, 햄버거 등 맛있는 음식을 맘껏 먹을 수 있다. 하지만 현재 약 1억 명의 지구촌 어린이들은 먹을 것이 부족해 굶어 죽어 가고 있다. 국제연합식량농업기구(FAO)에 따르면 식량을 만드는 속도가 사람이 늘어나는 속도를 따라잡지 못해, 음식 부족 문제가 더욱 심각해질 것으로 예측됐다. 머지않은 미래에는 식량이 무기보다 더 무서운 무기가 될 것이라는 우려의 목소리도 나오고 있다. 국제쌀연구소 로버트 지글러 소장은 "돈으로 언제든 식량을 살 수 있다는 생각은 위험하다"고 경고했다. 전 세계적으로 음식 부족 문제를 해결하려는 움직임이 활발한 가운데, '곤충'이 인류의 대체 식량으로 각광받고 있다. 이미 25억 명의 인구는 매일 곤충을 식량으로 먹고 있을 정도이다. FAO는 지난해 식량 대체 자원 보고서에서 곤충을 미래 식량으로 지목했고, 국제 회의를 열어 곤충 식량에 대한 논의를 하기도 했다.

식용 곤충이 미래 식량으로 지목된 이유는 6가지이다. 우선 곤충은 개체 수가 많다. 최소 1900종이나 된다. 또 번식력이 강하면서도 키우는 데 필요한 공간과 사육 비용이 가축보다 적게 든다. 게다가 온실가스인 이산화탄소 배출량도 적다. 그리고 무엇보다 단백질 함량이 소고기와 비슷하면서 지방은 적은 고단백 식품이다.

영양가 비교(100g당)

	소	곤충
열량	271kcal	96~153kcal
단백질	52%	40~72%
지방	48%	16%
탄수화물	0%	12%
칼슘	13~30mg	35~75mg
철	3.5mg	5mg

1kg당 단백질 함량(g)

 소 320   달걀 130

 돼지 250   연어 260

 유충 280   개미 350

체중 1kg을 늘리는 데 필요한 사료량(kg)

소	돼지	닭	귀뚜라미
10	5	2.5	1

체중 1kg당 이산화탄소 배출량(g)

2859	8	1	122	18
소	유충	귀뚜라미	딱정벌레	메뚜기

곤충을 먹는 나라(개국)

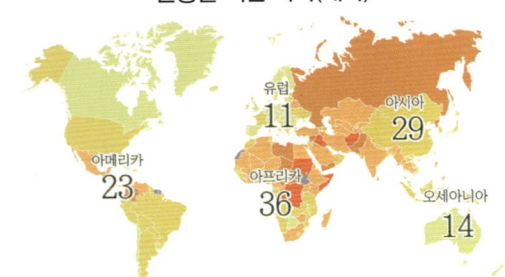

유럽 11
아시아 29
아메리카 23
아프리카 36
오세아니아 14

잠깐만요! 청이만큼 조선 시대를 잘 알고 있는 사람을 데려왔어요!

뒤를 봐요! 바로 저기에!

딸랑

딸랑

어명이다! 죄인은 어서 나와 오라를 받아라!

네 이놈! 〈조선 의궤〉를 훔치고 궁을 능멸한 죄! 백 번 죽어 마땅할 것이다!

딸랑

헤헤~

우아~! 우리 사헌부 선생님 정말 멋져요!

딱

딱

딱

전 이제 가도 되죠?

거기 서! 네놈도 아직 더 혼나야 해!

제7화

솟아라, 신토불이의 힘!

토마토 소스 스파게티겠지?

물.론.입.니.다. 셰.프.

이이…, 이 녀석들이 계속해서!

궁을 능멸하는 것이냐?

콰
콰
콰

힘(力)!

솟아라!
신토불이의….

우리 땅엔
우리 국수지!

팡

팡

팡

봉평의
메밀국수!

화성의
바지락 칼국수!

정선의
올챙이국수!
콧등치기국수!

제주도의
고기국수!

다 다 다 다

부산의 밀면!
고성의
동치미막국수!

전라도의 팥국수!
안동에는 건진국수,
누룽국수가 있지!

네놈들을 찾기 위해 10여 년의 시간을 기다렸다!

어서 〈조선 의궤〉를 갖고 오거라!

자이언트 셰프.

어린 녀석이 무례하구나! 어서 의궤를 갖고 오너라!

스파게티 면은 내가 삶을게!

아마도 스파게티 면이
말을 할 수 있다면
이렇게 말하겠지?

온전할 수 없다면
산산이 부서지는 길을
택하겠어!

건스파게티 면 하나를 잡고 천천히 구부리면 항상 여러 조각으로 부서지거든. 하하하!

아무리 애를 써도 두 조각으로 부러뜨리는 건 어려울 것이야!

그게 무슨 코끼리 방귀 뀌는 소리지?

그러니까…

파
파
파
파

내 말은 절대 못 준다는 뜻이다!

차

앗

요리조리 과학 이야기

스파게티 면을 반으로 자를 수 없는 이유

삶지 않은 스파게티 면을 휘어서 두 조각으로 자르는 것은 매우 어렵다. 스파게티 면이 대부분 3개 이상의 조각들로 부서지기 때문이다. 왜일까?

프랑스 파리 6대학교에서는 스파게티 면을 휘었을 때 물리적인 힘이 어떻게 작용하는지 알아보는 실험을 했다. 긴 스파게티 면의 한쪽 끝을 잡고, 반대쪽을 서서히 휘어 활 모양으로 만들었다가 다시 놔서 원래 상태로 다시 돌아가게 한 것이다. 그 결과 한쪽을 놓는 순간 스파게티 면이 파도가 치듯이 S자 모양으로 심하게 요동쳤다. 이는 스파게티 면이 휘어졌을 때 생긴 굴곡파가 면을 따라서 반대쪽으로 이동했기 때문이라고 한다. 이렇게 전달되던 굴곡파가 고정되어 있는 곳에 도달하면 더 이상 그 힘을 전달할 곳이 없어 부러지고 만다.

마찬가지로 우리가 스파게티 면을 휘면 두 조각으로 깨진다. 그리고 동시에 깨진 지점에서 손으로 잡고 있는 쪽으로 굴곡파가 전달된다. 그러면 각각 굴곡이 생기면서 연속해서 부서진다. 결국 스파게티 면을 구부리면 대부분 3개 이상의 조각으로 부서진다.

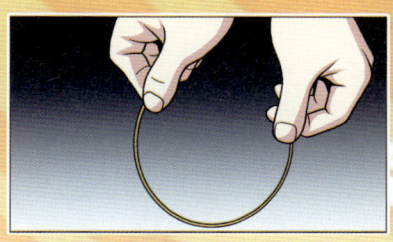

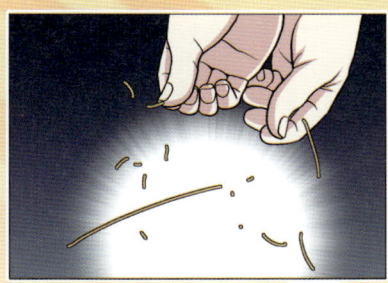

스파게티와 파스타

파스타는 밀가루를 반죽해 여러 가지 모양으로 잘라 삶은 요리를 통틀어 말하는 단어다. 그리고 잘라낸 모양에 따라 이름이 붙는데, 그 중 우리나라에 가장 잘 알려진 종류가 국수처럼 길게 뽑아낸 스파게티다. 이외에도 넓적한 페투치니, 판 모양의 라자냐, 펜 모양의 펜네, 만두 모양의 라비올리 등이 있다.

스파게티　페투치니　마카로니
라비올리　루마케
펜네　푸질리
파르펠레
토르틸리오니　칸넬로니

어…, 어린 녀석이 어디서
이런 요망한 술수를
배워 와서…
혼내 줄 테다!

톡 톡 토옥

말 조심해!
나는
베르사유
궁전의!

마지막
파티시엘,
크리스탈
님이시다!

으아아아!

밥상 앞에서 무슨
버르장머리냐?

어른이 식사를
끝내지 않았는데
숟가락을 놓고!

죄…,
죄송합니다.

그런데 좀 이상하지
않으신가요?

된장 맛이
이상하옵니다. 설마
상한 것인가요?

장맛이 좋아야
집안에 불길한 일이
없다고 하였는데….

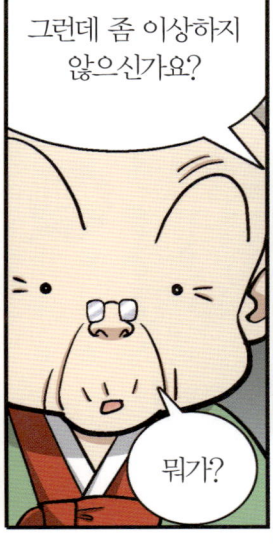

뭐가?

엥? 진짜?

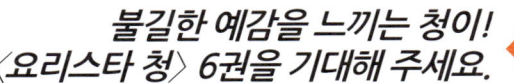

불길한 예감을 느끼는 청이!
〈요리스타 청〉 6권을 기대해 주세요.

계속

정혜정 선생님의 요리 교실

울퉁불퉁 멋진 몸매에~, 빠알간 옷을 입고, 새콤 달콤 향기 풍기는, 멋쟁이 토마토♪ 친구들은 주로 어떻게 먹나요? 설탕이나 소금을 뿌려서? 믹서기로 갈아서 주스로? 그런데 토마토는 따뜻하게 익히거나 기름에 조리해서 먹으면 몸에 더욱 좋대요. 오븐에서 구워 영양이 가득한 스터프드 토마토를 함께 만들어 봐요.

스터프드 토마토

재료 토마토 2개, 양파 ½개, 샐러리 100g, 마늘 5개, 파슬리 5g, 베이컨 3장, 빵가루 1컵, 소금 조금, 후춧가루, 올리브유

❶ 토마토는 윗부분을 잘라 내고 속을 파낸다. 소금을 약간 뿌린다.
❷ 양파, 샐러리, 마늘, 파슬리, 베이컨을 다진다.
❸ 베이컨, 양파, 마늘을 볶는다.
❹ ❸에 샐러리, 파슬리, 빵가루, 소금, 후춧가루, 올리브유를 넣고 볶는다.
❺ 볶은 재료를 토마토 안에 넣고, 위에 빵가루를 조금 뿌린다.
❻ 올리브유를 뿌리고 180℃ 오븐에서 10분 동안 굽는다.

잠깐!

▶ 토마토 안을 채우는 재료는 원하는 것으로 바꿀 수 있어요. 토마토 위에 빵가루 대신 치즈를 뿌리고 구워도 맛있답니다.

꽉꽉 채워라, 속 보일라!

스터프드(Stuffed)는 '속을 메워 채운다'는 뜻으로 오이, 토마토, 호박, 삶은 달걀 등의 속을 파내고 다른 재료를 채워서 만든 요리다. 스터프드 요리는 다양한 재료로 쉽게 만들 수 있다.

그중에서도 '스터프드 토마토'는 각종 채소를 볶아 만든 속을 토마토에 넣어 오븐에 살짝 구운 요리다. 토마토 속을 각종 재료로 채워 다양한 영양소도 골고루 먹을 수 있다. 든든한 한 끼 식사로도 충분하며, '도마데스 예미스타'란 이름으로 특히 그리스 사람들이 즐겨 먹는다. 유럽의 많은 나라에서도 채소를 응용한 스터프드 메뉴를 다양하게 즐기고 있다.

기름으로 조리해야 건강해진다

토마토는 암을 예방해 주는 채소로 유명하다. 이유는 리코펜 함량이 높기 때문. 리코펜은 토마토가 붉은 색을 띠게 해 주는 역할을 하며, 암을 억제하는 항산화 효과는 당근에 들어 있는 베타카로틴보다 2배나 뛰어나다.

리코펜은 일반적인 영양소와 달리 열에 강하고 쉽게 분해되지 않는다. 오히려 올리브유 같은 기름으로 조리하면 껍질에서 더 많은 리코펜이 나와 영양소가 풍부해진다. 날것으로 먹을 때에 비해 물에 가열했을 때는 1.5배, 기름으로 조리했을 때는 5배로 높아진다. 따라서 고기와 생선 등 기름진 음식이나 견과류 등과 함께 먹는 것도 좋다.